首富馬雲

站在新起點

——阿里巴巴的激情

張笑恒 著

目錄
CONTENTS

目錄
CONTENTS

目錄
CONTENTS

前言

如果說二○一三年是「馬雲年」，一點也不為過。雖然馬雲從阿里巴巴的前臺轉為了幕後，褪去了曾經的光鮮亮麗，但馬雲依舊活躍在自己喜愛的商業平臺上。他一句「我還是站在幕後」，卻又重新威嚇到了很多人。因為大家都明白了，馬雲依舊是一頭盯準獵物隨時準備出擊的雄獅，而非一隻沉睡過去的病貓。從年初的入股新浪、退休、建「菜鳥」物流等大動作開始，到年中陷入王林「大師」、《南華早報》事件的輿論漩渦，再到上市爭議、被中共國務院總理李克強總理點「讚」、「雙十一」、「鬥微信」，馬雲真是個「不消停」而又善於挑戰和顛覆傳統的人。

就在卸任阿里巴巴CEO的十八天之後，因為「菜鳥」計畫，馬雲再度為阿里巴巴站台——馬雲任「菜鳥」物流董事長。在此前不久，馬雲還嘲笑了自建物流的京東，認為這樣的企業肯定要死，還堅決表示，阿里巴巴堅決不做物流。但馬雲說，要做智慧物流，不是做快遞。

二○一三年七月，馬雲和幾位明星拜訪「大師」王林，引發了社會上的「偽大師」事件。到二○一三年下半年，阿里巴巴傳出要上市，不過因為上市計畫引入合夥人制度的消息而引發各種猜測。這些，都讓馬雲和阿里巴巴不斷地「上頭條」。

最令馬雲和阿里巴巴興奮的是，二○一三年十月三十一日，中共國務院總理李克強在中南海主持召開的經濟形勢座談會上對馬雲說：「你們創造了一個消費時點！」而早在十月廿三日，馬雲就躋身清華大學經濟管理學院顧問委員會，受到朱鎔基接見。十日之內，受到兩任總理接見，說明了馬雲不一般的政商關係。

對馬雲和阿里巴巴，似乎好消息不斷。今年「雙十一」，天貓的交易額突破三百五十億元——一分鐘破億元，六分鐘破十億元，不到六小時，商品成交就破百億元大關。馬雲親自爲「雙十一」站台，他還主動提及自己跟王健林的賭局。馬雲回答：「二○二○年王健林如果贏的話，我們這個社會就輸了，是我們這代年輕人輸了。」這句話被廣泛轉載。

而「來往」鬥「微信」，也是馬雲在二○一三年做的最大的一件事情之一。因爲「微信」在用戶端的優勢已經足以讓阿里巴巴顫抖了，因此馬雲「鬥微信」可謂無所不用其極。馬雲在內部動員信上提道：殺到「企鵝」家去，該砸的就砸，該摔的就狠狠地摔。「鬥微信」一事讓外界看到了阿里巴巴可怕的執行力，但是，馬雲能否戰勝馬化騰，還是一個未知數。

雖然騰訊的「微信」對此不屑，甚至有人調侃，「『微信』現在如日中天，其發展速度甩開『易信』、『來往』什麼的N光年」。但馬雲說：「『來往』和『微信』這盤棋，我要看馬化騰下一步怎麼走。看他眉頭皺起來我就很高興。競爭是一種樂趣。」他還說，「也許我們成不了大器，但是至少可以讓『微信』不斷創新，可以讓用戶慢慢地交費。讓用戶有更好的體驗，這也是蠻好的事情。」

馬雲在告訴我們，競爭並不是一場你死我活的遊戲，而是一種相互促進的方式。而且競爭雖然慘烈，但仍充滿樂趣。

英才網的記者曾問史玉柱：「在中國企業家圈子裏，你最欣賞誰？」

史玉柱答：「最欣賞柳傳志和馬雲。柳傳志，我更欽佩他做事的扎實風格和一些習慣，比如說他的企業文化確實做得很扎實；馬雲，戰略很好，他能看到五年、十年之後的事，幾年前跟他聊的一些看法，現在都印證了。」

馬雲說：「我覺得做一件事，無論失敗與成功，經歷就是一種成功。你去闖一闖，不行你還可以掉頭；但是你如果不做，就像『晚上想想千條路，早上起來走原路』，一樣的道理。」任何一個有成就的人，都有一段勇於嘗試的經歷。如今的馬雲也正是如此。因爲從未離開對成功的追逐，那麼又何嘗真的停下來呢？

馬雲依舊還是那個不安分且喜歡嘗試冒險的人，在整合整個電商的市場發展規律與結合自身發展情況之後，馬雲順應市場變化做出了一系列的改革。從全球的經濟市場再到國內的經濟市場，馬雲緊盯市場發展潮流，提出了一系列全新的戰略步驟。

馬雲重新將激情帶到了團隊當中，重新將熱忱灌輸到每一個員工的心裏，重新打造新的企業文化和管理，他在用自己的行動告訴自己的競爭對手——他馬雲從來就沒有真正離開過。現在的馬雲是再次踏上新征途的馬雲，是一個激情與幹勁不減的馬雲。

而馬雲也不只在這最美的時刻懂得放下，一路走來，他一直都在放下。正因爲不斷放下，他才能走得更遠，爬得更高。如今的馬雲已經站在了一個全新的高度去思考未來。曾經那些波折和困難，很顯然已經化爲了馬雲馳騁未來的最好動力和經驗，成爲了他心中最爲寶貴的經驗和財富。

本書將帶給讀者一個勇於放下、擁抱變化的馬雲；一個擁有全新戰略思想的馬雲；一個腳踏實地、依舊堅持夢想的馬雲；一個懂得變革創新、開啓新資本管理的馬雲；一個持久激情、爲自己造夢的馬雲。

[第一章]

擁抱變化，做物流網路還是產業園區

1 順應時代發展潮流，電商的未來要看物流

經過二〇一二年淘寶的「雙十一」大戰之後，馬雲對淘寶當天一百九十一億的交易額至今可謂「心有餘悸」，因爲這個接近京東商城二〇一二年銷售額三分之一的數字的背後，是由七千八百萬個包裹創造的，差點壓垮中國物流業。

馬雲離開阿里巴巴之後的第一件事情，便將目光投注在了物流上。這並非馬雲一時心血來潮，而是他在整合整個電商的市場發展，同時結合自身的發展情況之後所做出的決定。馬雲說：「電商的未來要看物流。」

隨著電視、網路購物在人們心中的地位逐漸攀升，馬雲深知未來電子商務所要歷經的瓶頸期所在。如果不隨著時代發展潮流而做出改變，那麼電子商務的未來之路就會越走越狹窄。根據中國快遞協會的統計，二〇〇九年全國的包裹約二十億件，其中約十億件來自於淘寶網。正因為此，在宣布卸任不到一個月的時間裏，馬雲就穿著一身藍色的太極服出現在深圳的「中國智慧骨幹網」的發佈會上，宣布了自己的新研究專案——物流。

馬雲說：「現在中國每天有兩千五百萬左右的包裹，十年後，預計每天有兩億左右

的包裹。現在中國的物流體系根本沒有辦法支撐未來的『兩億』。所以我們有一個大膽設想，通過建設『中國智慧骨幹網（CSN）』，讓全中國兩千個城市，不管任何一個地方，只要你上網購物，廿四小時內貨一定送到你家。這是一個偉大的理想，我自己的感受也很大。四年來我們一直不敢下手，因為這個理想實在太大，沒有人幹過，甚至想都不敢想，我們覺得這是一個國家項目。」

如今，中國許多產業都在被互聯網推動，如電商改變了零售市場格局，加大了物流倉庫覆蓋率，等等。但從電商的角度來看，卻有好幾個短板，其中最大的問題依然是物流。在電子商務平臺上，物流往往與其電子平臺的服務品質成正比。正因爲此，馬雲發現了阿里巴巴最爲關鍵和極爲迫切需要解決的問題之一，便立馬著手行動起來。

企業要發展，必然要順應時代潮流。如果脫離了市場硬性發展規律，妄自菲薄，那麼必然就會在前進中遭遇到阻礙。因爲在大家都順應時代發展做出改變之後，你依然堅持自我、違背市場發展規律，那麼就如同逆水而行的魚，漸漸就會被時代的潮流所擊退。

馬雲在宣布入手物流這一平臺時就曾說過：「實際上，這是我們思考四五年一直希望做的事，但很遺憾的是，在我不當CEO後才正式把這麼大一個項目落地。」或許在馬雲的眼中，如果早一點將深埋在阿里巴巴的這個問題挖掘出來，那麼今日的阿里巴巴或許能夠更加成功。

二〇〇六年十月，格蘭仕集團執行總裁梁昭賢出現在北京，助陣格蘭仕與央視合作的一檔日播電視節目「美味中國．三人餐桌」。這是格蘭仕與央視首次大規模地合作，同時花鉅資投入美食節目，同樣的，這也是格蘭仕全新「百年企業，世界品牌」戰略改變的開始。

「價格戰」一直是格蘭仕的標籤。正是因為「價格戰」，格蘭仕才從一個「後來者」成為微波爐行業的領導者及全球最大的微波爐生產基地。然而，格蘭仕深知，做品牌，就意味著必須順應時代潮流和市場規律而改變宣傳策略。此次與央視合作的這檔微波爐美食節目，格蘭仕便更新了以往陳舊的戰略計畫，將目標推廣放在了全新的生活方式上，以教育消費者為目的，讓如今更加注重生活品質的消費者能夠對格蘭仕有一個全新的瞭解。

另外，作為格蘭仕品牌行銷策略的一部分，一千個格蘭仕「家電生活館」將在全國鋪開。通過「創造性建設」，積極推進「互願行銷」——邀請顧客參與到一種持續的、側重於資訊和價值交換的互動關係中來，這樣可對顧客的需求瞭解得更為準確，以便更迅速、更有效地滿足顧客的需求。

對銷售企業來說，讓顧客買一次你的產品並不難，難的是讓顧客一輩子都買你的產品。畢竟，市場競爭的環境在不停地發生變化，如果不及時更新自己的銷售策略，再好的產品，再大的推銷，再多的人力，都可能會被社會這個大舞臺所淘汰。

市場是動態的，一個策略很難走到底。企業必須不斷評估自己的產品在當地的競爭優勢有多大，與競爭對手的差距有多少，以及自己願意投入多少行銷資源等，以迎合市場發展規律與人們的生活需求，從而改變自己的發展戰略。只有不斷地推陳出新，這樣才能走得更加長遠。

2 在別人改變之前先改變自己（唯一不變的是變化）

市場經濟日新月異，每一天都在發生不大不小的變動。如果一家企業想要成長，那麼就必須在別人改變之前先改變自己，這樣才能在市場經濟不斷地變化中爲自己奪得一席之位，第一個摘取新鮮的「成功之果」。

馬雲曾經說過：「唯一不變的是我們的變化。我們在不斷地變化中求生存，在不斷地變化中求發展。如果發現公司沒有變化，公司一定有壓力。所以說，我希望告訴每一個人，看看你自己的成長，成長所帶來的變化……如果你覺得昨天贏的東西今天還能這樣贏，很難了。要生存，一定要創新，只有在變化中才能出創新，所以我們要在變化中求生存。」

二〇一三年，馬雲進入事業上的一個轉捩點。從阿里巴巴的平臺上下來後，馬雲迅速集結力量，將目光投入到了物流上。對這一改變，馬雲說：「中國GDP的百分之十八來自物流，在發達國家，這一數字僅占百分之十二。電商要依靠低價與傳統零售商競爭，其核心在於成本控制。物流成本下降是未來電商對抗零售商的關鍵一環。也就是說，物流是電子商務與傳統零售之戰的『諾曼第』。」

原來很早之前，馬雲就對「物流」這個還未被人重視起來的「肥沃之地」企圖良久，並頻頻出手。二〇〇七年十二月，馬雲就曾以個人名義聯合郭台銘創立百世物流；二〇一〇年年初，入股星辰急便；同年七月，百世物流收購匯通快遞百分之七十股權；二〇一〇年九月，淘寶在北京、上海、廣州、成都建立四大配送中心，在其他二十個省市建立起區域性配送中心。

如今，這張彙聚著中國物流界大老的股份圖隱約透露著馬雲的終極夢想——與傳統零售抗爭，以獲取更多的生存空間。

發展中的企業要明白，如今社會在變，商場在變，假若總是一味地安於現狀，等待被改變，那麼最終企業將成爲被淘汰的對象。因爲這個世界總是朝前發展的，科技在不斷進步，競爭在不斷加強，如果企業無法掌控世事的變化，那麼必然無法應對尾隨而來的各種問題。

馬雲曾經說過：「變化總是痛苦的，但也是必要的！如果我們不改變自己，那麼，我們的對手、投資者、客戶和市場就會殘酷地改變我們。」「唯一不變的是變化」這句話在阿里巴巴從來不是一個口號，而是阿里巴巴員工必須面對的現實。在阿里巴巴，在變化中生存和成長的廣大員工從不適應到適應，從不習慣到習慣，讓這一原則深入人心。

蘋果公司的創始人賈伯斯曾經是矽谷創新神話的典型代表。賈伯斯沒有直接發明很多東西，但是他將自己的理念、藝術和科技融合在一起，給大眾創造了未來，他一直走在世界的最前端，懂得如何主動去尋求改變。他有句話很著名，那就是——活著，就是為了改變世界。

對自己研發的產品，賈伯斯一直都很自信。他曾說：「我那麼耀眼的唯一原因就是——其他人都太糟糕了。」賈伯斯的語言儘管聽著有幾分狂妄，可是他確實做到了。當年，蘋果公司只有幾名員工，沒有名氣，沒有市場，然而憑著賈伯斯對產品的狂熱和對市場需求的精準把握，他最終讓電腦變得像筆記本一樣薄，讓電腦可以隨時像電話一樣握在手中。賈伯斯的這些創舉，可以說是反客為主，在世界還未來得及變化前，他便已經改變了世界。

企業要想從日新月異的市場變化中脫穎而出，那麼首先就要學會改變自己，謹防固守成規，一成不變。如果總是將自己圈在一個毫無起色的圈子中，最終只會慢慢僵死，禁不起市場競爭中任何變幻莫測的風暴的襲擊。

適應變化，擁抱變化，在市場整體變革前改變自己的想法，另外，公平靈活地處理好自己與外界的關係，不斷在技術層面、思想觀念上面做出必要的革新，這樣才能在商場中迎接每一個有可能出現的多變的「明天」。

3 試錯就是應變（犯錯誤並不是件可恥的事）

愛爾蘭文學家蕭伯納曾經說過：「一個嘗試錯誤的人生，不但比無所事事的人生更榮耀，而且更有意義。」企業的競爭最後都是學習力的競爭。企業要想成長，那麼就應該對想法多加嘗試，在失敗中尋找可以把握的機會。

馬雲曾經說過：「我們必須承認我們所面對的是一項全新的事業，沒有經驗可以借鑒和拷貝。實驗室裏大部分的試驗都是失敗和錯誤的，做試驗就是做前人所沒有做的事，相信到實驗室裏的人想的也是如何把事情做好。互聯網產業也一樣，發展的過程就是試錯的過程，這是我們無法回避也是必須經受考驗的過程。面對互聯網這個史無前例的產業，試錯是唯一的發展之路。」

二〇一三年一月，馬雲的「菜鳥」網路公司進入籌備期的新聞雖然還不足一百字，但是已經在業內引起了非常大的反響，很多地方政府主動伸出橄欖枝，希望「菜鳥」網路去落户。

事實上，早在五年前，阿里巴巴就已開始在物流上不斷探索和試錯。馬雲早期涉足物流的手法為投資。此前阿里巴巴曾先後投資星晨急便和百世物流，但星晨急便最終倒閉，阿里巴巴也因此蒙受不少損失。隨後，阿里巴巴又通過不斷結盟的方式來試圖改善物流環節。二〇一一年，淘寶宣布結盟第三方服務商；二〇一二年五月，天貓宣布與包括郵政在內的九大物流商結盟。但是，「雙十一」仍然因訂單爆倉而飽受詬病。

經歷過種種物流陣痛後，馬雲架構的物流網路「菜鳥」終於起飛。儘管之前做出的一些決定性承諾在業界看來有些渺茫，但馬雲坦言，「誰都不能保證你一定不失敗，但是萬一被我們搞成了，我覺得今生無悔。」

如今，互聯網產業在不斷變化，市場也在不斷變化。要想成功，就必須在變化中試錯，在試錯中應變。同樣的道理，創業大多都沒有先例可循，更沒有一蹴而就的，一切都要摸索試驗，否則就會寸步難行。

美國曾經有一個名為道密爾的企業家，他專門收購一些瀕臨破產的企業，而這些企業到他的手中則會「起死回生」。曾經有人問道密爾，爲什麼會對這些失敗過的企業「情有獨鍾」。道密爾說：「正是因爲它失敗過，我知道了它失敗的地方，那樣我就不會犯同樣的錯誤了，這不是要比自己一切從頭開始要容易得多嗎？」

嘗試錯誤，並不可怕，關鍵是你因爲無法面對錯誤而貿然前進可能造成的更大失敗。在不斷變化的市場經濟中，企業只有一步步地去嘗試，才能找出有利於自己發展的道路，也才能從「錯誤」中再次崛起。

和田一夫是日本著名的企業家，在二十世紀八〇到九〇年代初期，他的八佰伴集團曾在十六個國家發展到四百多家百貨分公司。但是在一九九七年的時候，由於過度擴張和市場定位不準，八佰伴集團宣布破產。一夜間，和田一夫變成了一個連累八佰伴股東和員工的罪人。他交出所有財物，向企業界告別，搬到一個租來的兩房一廳居室中生活。

但是和田一夫並未就此倒下，在經歷了最初的痛苦、傷心、絕望之後，他開始在書本之中尋找慰藉。他非常喜歡看《鄧小平傳》，他還說：「鄧小平最後一次從失敗中站起來時是七十四歲。之後，他提倡改革開放，留下豐功偉業。而當八佰伴倒閉時，我才六十八歲，我深信還有機會東山再起。」

一九九八年，年已古稀的和田一夫設立經營顧問公司，並開辦國際經營塾，他決心將自己的經營經驗和教訓傳授給年輕的經營者們。NHK電視臺等日本傳媒稱其為「不屈之人」。和田一夫說：「火鳳凰必將重生，在燃燒自己後，會再創新天地，大不了從零開始。」

企業要想在變化中尋求出路，那麼就一定要去試錯，這是檢驗一個企業及其商業模式的「試金石」。試錯是一個創業企業越過「死亡谷」成爲瞪羚的必由之路。創業試錯，本質上就是企業家開拓新的疆土的一種檢驗，即是由許多企業針對同一未解問題同時做著不同解決方法的嘗試。

中國有一句老話：老馬識途，正因爲老馬走過無數的道路，經過無數的坎坷，才能在每個坎坷之上留下心底的記號，下一次從此經過時，便可以一躍而過，才能「識途」。企業要學會抓住那些可遇而不可求的失敗機會，認識失敗，承認失敗，利用失敗，從失敗中總結出經驗教訓，從而扭轉企業的困境。

因此，企業在應變市場規律的過程中出現錯誤時，不要總是太過在意，應當鼓起勇氣抓住當下的機會，從中吸取更多的經驗，記住「試錯就是應變」，爭取未來的成功。

4 在變化中迎接商機（做物流網路還是產業園區）

人生是一個不斷尋找和折騰的過程，在這個過程中，我們必須時刻把握兩點，一是時刻準備應對變化；二是調整自己，以適應變化。尤其是對處於商業圈中的各個企業來說，更要學會在不斷變化的市場經濟中去發掘商機，盯準目標，緩緩前進。

馬雲曾經說過：「一個行業，注意它的人越少，它就越有發展的前景。別人不注意它，你注意了，你就是有眼光的。」聰明如馬雲，在眾人都還在「圈子內」循規蹈矩的時候，他已經跳出了圈子，在變化中捕捉到了新的商機。

當馬雲還沒有考慮去「啃」物流這塊「大餅」之前，曾經嘲笑過京東重金自建物流的行為是一種自掘墳墓。然而，隨後阿里巴巴的資料分析報告卻著實讓馬雲震驚了，根據資料分析報告，目前整個中國ＧＤＰ的百分之十八來自於物流。這就意味著，今日如果馬雲不「革」物流的命，以後物流就會「革」淘寶的命。

看到了阿里巴巴的短板所在，馬雲立馬將目光轉向了期待已久的另一番「霸業」中來。然而，正當行業內外都揣測馬雲是否會將眼光「鋪展更開」時，馬雲卻表示，自己這次與共同參與的專業快遞公司不同，自己組建「菜鳥」網路只有一個目的，就是更好地促進淘寶的發展，而非拓展另一項業務。馬雲特別強調，阿里巴巴永遠不會做快遞，而是聯合產業鏈上下游合作夥伴，搭建一個基於資料的物流基礎設施平臺。儘管除了搭建物流資訊化平臺，「菜鳥」網路似乎還有更大的想像空間，但是目前馬雲還不會儘快「動手」。

當我們觀察一個公司是否具有遠大前途時，首先不是看這個公司有多大，也不是看這個公司目前的規模和狀況，而是看這個公司是否能夠在變化多端的市場中具有致勝未來的適應能力。也就是說，要看這個公司所擁有的商業模式能否在接下來的幾年內持續增長，這個公司是否能發明新的模式來促進增長，這個公司是否具有科研創新能力。

變化，往往意味著商機。經濟市場中任何一個小數點的變動，可能就會掀起一股非常巨大的「蝴蝶效應」。如果企業能夠從這種變化中去尋找更適合自己發展的機會，那麼就能夠在未來的持續競爭中爭得一番優勢。

杜邦的總裁蘇孝世是個十分有危機感的人，長年在兩岸三地工作，讓他更是從中國市場迅速的變化中窺見其中巨大的商機。在「二〇一二年度最具價值管理榜樣」的十四家企業中，杜邦便是其中一家。當時有記者問及蘇孝世：「我注意到，杜邦針對中國市場，是否很早就開始了整合計畫？」

蘇孝世回答道：「大約是在五年前，杜邦制訂了一個有關杜邦中國發展的整合計畫。當時不僅要構建強大的公司整體實力，也在人員發展、組織架構、管理流程、市場開發、研發創新等方面建立合作流程，推進業務發展，更好地服務中國社會的需要。我們在國內的光伏太陽能業務在二〇〇七至二〇一〇年間的增長超過百分之百。在市場條件最困難的階段，對一些策略性投資，比如深圳的薄膜光伏太陽能生產設施和山東東營的鈦白粉生產項目，我們沒有任何動搖，因為它們事關我們在中國的長遠發展，事關我們對這一市場的承諾。」

能夠發現獨特的機會，是成功創業者所必須具備的一項特質，是他們成功的起點。在某種意義上，能夠發現獨特的機會，就意味著創業已經成功了一半。然而，看起來是一件很簡單的事情，實際上做起來卻並不是很容易。

成功的企業家，絕不會拘泥於現有的狀況，而是對企業發展能做出大膽預測，兼具冒險精神和睿智的頭腦。他們並非憑空去放遠他們的眼光，而是憑藉足夠的市場敏銳性和豐富的經驗積累，去捕捉市場上獨特的機會。

尋求創新與商機，是永恆不變的盈利商業法則。企業應當學會適應變化，在變化中發現新商機，這既是企業的一種智慧，更是企業生存的一種能力。當企業學會在變化中去發掘商機時，那麼企業離成功也就不遠了。

5 必須在變化之前變化

「現代管理學之父」彼得・德魯克用其真知灼見影響了比爾・蓋茲、傑克・韋爾奇等一批成功企業家，在他給企業家們的建議中，就曾有這樣一條，「打造百年企業，守是守不住的，必須走在變化之前，持續創新。」

善抓商機，對創業者們來說十分重要，然而，什麼是商機？並不是等到所有人都聽到了發令槍響才是商機，而是在市場變化之前，企業就已經適應並展開了變化，這樣才能趕在競爭對手之前進行超越。

二〇一一年，淘寶平臺上的業務被徹底分為三家公司，分別是淘寶網、淘寶商城和一淘網。其中，淘寶網定位於C2C（個人間）業務，主要吸引個人和小企業賣家；一淘網定位於購物搜索的入口；而淘寶商城則是B2C（企業對個人）業務的平臺，是京東、當當和卓越亞馬遜最強大的對手。這三家公司全部採用「董事長加總裁」的管理模式，三位董事長則直接向集團董事局主席馬雲彙報工作。

對淘寶的分拆調整，馬雲評價說：「我們必須變化，我們必須變化在變化之前。今天的分折看起來似乎令淘寶失去規模優勢，從『有』變成了『無』，但這是無處不在的『無』。」

已經佔據較大市場分額的淘寶，現在最需要的已經不是規模，而是精細定位和搶佔互聯網戰略高地。淘寶的調整正是為了更好地推進其「轉變」。

馬雲在剛創立阿里巴巴的時候，很多人並不相信一個見不到人的平臺能給人們帶來機會和誠信，然而，就在這時，馬雲推出了「誠信通」，這不僅解決了當時人們都在擔心的問題，也使中國進入一個新的網路交易時代。

人們常說，弱者等待時機，強者創造時機。尤其是在這樣一個資訊時代，對創業者來說，趕在變化之前做出必要的變化，實則就是獲取商機。企業要想獲得更持續的發展，就必須緊盯經濟形勢，以便做出最爲適當的計畫改動。

有人曾經說過：「如果說資金與資源是工業社會最重要的競爭要素，那麼時間優勢則是資訊時代最強大的競爭戰略武器。」的確，參與創業的人在不斷增加，市場經濟每一天都在不停地變動，如果你選好了一個項目，卻不趕緊行動，若是被對手先行一步，你的成功機會就會大打折扣。

曾經擔任過麥當勞美國區的高級副總裁Paul Sabe，如今是帕尼祿麵包（Panera Bread）的高層，其擁有六十三家連鎖店，三千多員工。他用自己的職業生涯為例：「每當我以為規劃定下來了，變化就發生了。」

過去三十三年，Paul的生活一直在變。他先開了個熱狗店，練就一隻胳膊放十五個熱狗的本事，認為自己是美國最棒的銷售員。但是幾年後，他的運動員哥哥退休後，開了家麥當勞，喊他幫忙，他就賣掉熱狗店，中途又去上法學院。一九九三年，哥哥全家開車去參加麥當勞大會，遭遇車禍身亡，他不得不離開學校，接下哥哥的生意。此後競選加入麥當勞董事會。幾年之後，他發現自己不適應大公司「西裝筆挺」的生活，變化又發生了，他加入了帕尼祿麵包。Paul說：「其實人們不喜歡變化，因為變化會帶來壓力、困擾，可不管你喜歡不喜歡，接受不接受，變化是永恆。作為變革的領導者，要消除大家的恐懼，為大家留有失誤的空間。」

在市場做出大的改動時，如果企業想靠一己單薄之力緊守是守不住的。我們都知道，今天的商戰規則已經不再是「大魚吃小魚」，而是「快魚吃慢魚」。在以互聯網爲代表的新經濟時代更是如此。要想抓住商機，就要在思想和行動上做好準備，敢於爭先一步。

思科CEO錢伯斯在他的一篇題爲《速度制勝論》的文章中說：「我們已經進入一個全新的競爭時代，在新的競爭法則下，大公司不一定打敗小公司，但是快的一定會打敗慢的——你不必佔有大量資金，因爲哪裡有機會，資本很快就會在哪裡重新組合。速度會轉換爲市場分額、利潤率和經驗。」

由此看來，企業要想一直在行業內保持領先不變，那麼就必然要有先於他人的一些真知灼見和實踐膽識。正如彼得·德魯克說的：「沒有人能夠左右變化，唯有走在變化之前」，只要企業能夠提前撐開適應經濟變革到來的網，那麼就一定會屹立不倒。

6 迎接變化，多出新招

商業世界一直以來都是一個高速變化的世界，當企業管理者踏入商業領域的第一天開始，就要確定自己選擇了一種不安定的生活模式。因爲每一天，周邊的環境與對手都在發生著變化，而要想在這種變化中爲自己贏得更多，那麼就一定要多出新招。

應對變化的市場經濟，馬雲不僅頭腦十分靈活，點子也是特別多。例如在他人還未意識到互聯網的動向的時候，他就已經敏銳地捕捉到了這一點。在應對應接不暇的變化時，他也能夠冷靜從容，因此他帶領的阿里巴巴才能一路過關斬將走到現在。

二〇一一年年初，阿里巴巴陷入了「誠信危機」。據阿里巴巴披露，二〇〇九年與二〇一〇年，其B2B業務平臺上分別有一二一九家和一一〇七家外貿供應商涉嫌欺詐，阿里巴巴B2B前公司CEO衛哲更因此次事件而離職。

對此，馬雲採取了緊急應對措施，並針對這個問題制定出了新的策略：阿里巴巴將提高B2B業務的防欺詐准入門檻，更將加強對中國站用户主體身分或用户網上操作人（授權代表）身分的審查，對企業和個人均推行實名認證。

阿里巴巴公告稱，對已經註冊成為阿里巴巴中國站會員的用户，必須在二〇一一年九月廿三日前完成實名認證。若逾期未完成，將被禁止繼續發佈商品資訊；若屆時仍未通過實名認證，已發佈的商品資訊將被統一下線。阿里巴巴有關負責人對《第一財經日報》表示，公告內容覆蓋阿里巴巴中文站所有用户，包括買家和賣家。不少阿里巴巴中國站的用户對此表示了歡迎。

在當前經濟全球化的大背景下，企業需要有一種「時不我待」的緊迫感，並且，在變化多端的市場中，始終都要學會保持一種「不進則退」的危機感。畢竟，商場如戰場，其中充滿了變數。

馬雲曾將激烈的市場競爭比喻爲一場長跑比賽，既然是長跑，有直道，也就有彎道。當變化來臨的時候，也就是企業處於「彎道」位置的時候，企業在這個「節骨眼」既可能超越他人，同樣也可能被別人超越。那麼如何才能立於不敗之地？這就要求企業隨時留心變化，從中找出可以應對的多項決策。

留意變化，在變化到來的時候面對變化，應對變化，並在變化中尋求創新。只有這樣，企業才能在商戰路上走得更穩，更遠。如果總是一意孤行，固步自封，那麼企業就會對這種變化顯得措手不及，從而丟失掉發展自己的最好機遇。

二〇一二年，基於中國經濟的持續增長與強勁發展，作為全球規模最大的服務機構，IBM的GTS迅速從變化中轉型，加強與中國經濟合作的步伐。

據IBM全球資訊科技服務部（GTS）於二〇一二年年初提出推動中國「下一代IT服務」發展的「三加三」戰略後不足兩個月時間，IBM又積極推進了戰略實施，於二〇一二年六月在蘇州工業園區的蘇州國科資料中心舉辦了IBM管理服務中心開業儀式。

作為繼北京、上海等地後的國內第六個IBM資料中心，同時也是IBM國內首個整合管理服務中心，它將通過IBM專有的安全網路與另外五個IBM資料中心實現互聯互通，共用IBM內部技術與工具資源，為客戶提供整合管理服務。

IBM大中華區全球資訊科技服務部總經理羅麗表示：「IBM管理服務中心的落成，是IBM『三加三』中國服務戰略落實的重要步驟。IBM管理服務中心將利用自己專業的人才、工具和技術，以企業的業務發展為導向，結合企業長遠業務發展需求，全面整合梳理企業IT架構和IT管理體系，通過靈活配置的服務方式，使IT成為業務發展創新的推動力，以滿足現階段企業的ＩＴ管理需求。」

馬雲曾說過：「我們阿里巴巴在過去的七年裏和我本人近十年的創業經驗告訴我，懂得去瞭解變化、適應變化的人很容易成功，而真正的高手還在於製造變化，在變化來臨之前變化自己！」

在如今全球經濟形勢的大變動之下，企業只有不斷深化創新理念，堅持走創新發展的道路，通過創新努力打造企業的競爭新優勢，通過創新締造企業的核心競爭力，才能抵禦市場風浪，實現企業的可持續發展。

馬雲給有志創業的人們提出了這樣的忠告：「面對各種無法控制的變化，真正的創業者必須懂得用主動和樂觀的心態去擁抱變化。當然，變化往往是痛苦的，但機會卻往往在適應變化的痛苦中獲得！」

7 變化不來，壓力一定會來

機遇、壓力與變化三者之間永遠都是相互牽連的關係。變化之中藏有機遇，機遇之中又藏有壓力，即便變化不來，壓力也是不可避免的。企業在發展過程中，一定要學會擁抱變化，這樣才能防止在壓力來臨時「病急亂投醫」。

始終以一種旁觀者心態自居的馬雲，其心態顯然是練就到了一個高度。因爲隨時保持清新的頭腦，因此在每一次市場出現變動之前，他都能在心中撐起一張敏銳的網。在每一次壓力來臨之前，馬雲總是能夠「心平氣和」、處變不驚。

二〇一三年，馬雲卸任了阿里巴巴ＣＥＯ，對表面看上去風光無限的馬雲，當有記者問及其生活是否樂趣無限時，他卻搖搖頭說，在家不想工作的ＣＥＯ絕對不是好的ＣＥＯ。

事實上，馬雲其實是一直被罵過來的。剛做阿里巴巴的時候，別人罵他異想天開，都說做這個東西不可能成功。做成了阿里巴巴後，恭維的話多了，但公司的管理壓力卻巨大。馬雲坦承自己天天有壓力，有焦慮。看著日新月異的互聯網市場，再看看阿里巴巴每天的變化，尤其是在收購雅虎中國之後的一年，馬雲壓力更加大了，甚至整年都在北京處理各種難題。可以想像，一個沒有承受過壓力和焦慮的人，肯定不會有這樣的感悟。

馬雲曾經說過：「壓力是躲不掉的。一個企業家要耐得住寂寞，耐得住誘惑，還要耐得住壓力，耐得住冤枉，外練一層皮，內練一口氣，這很重要。」所以，他會深更半夜牽著德國牧羊犬去散步，強迫自己每天必須睡足七八個小時。他看了阿里巴巴那麼多年，撐了那麼多年，拼了那麼多年，焦慮了那麼多年，無時無刻不在觀察著阿里巴巴的變化，看阿里巴巴是否迎合了市場的發展規律，這種壓力對馬雲來說似乎已經是家常便飯。

市場是企業賴以生存和發展的空間，市場的變化是決定企業興衰走向的首要條件，因此，企業一定要跟隨著市場的變化而變化，時刻調整組織結構。即便有時候市場規律的「浮動」很小，企業也應當有所警惕。

馬雲曾經說過：「企業如果不能迎合市場發展的要求而變化，那麼壓力一定會隨之跟來。」市場的變化不僅反映了人們消費水準的改變，更反映了同行業競爭對手「作戰方向」的改變。只有關注市場變化，才能認清壓力所在。

畢竟，市場就像一條道路，是曲折蜿蜒的。企業則像一輛汽車，如果汽車不能跟隨道路的發展走向及時改變方向，而是一直朝著一個方向前行的話，將慢慢遠離市場，那麼也就會陷入絕境。

二十世紀八〇年代初，傑克・韋爾奇剛剛擔任GE公司的CEO，GE公司便開始了大規模地從製造業向服務業的戰略轉型。傑克・韋爾奇預感到未來的市場將沒有國家的界限，並且那時的市場會逐漸從一個國家的市場變成世界性的市場，市場會越來越向服務方面傾斜。因此，GE公司決定趕緊跟上市場的步伐，以便獲得更加長遠的發展。

但是，當傑克・韋爾奇提出把整個GE公司從製造業向服務業轉型時，卻遭到了非議和抵制，很多人反對這種變革，指責傑克・韋爾奇是發了瘋，是要把GE公司推向死亡。三四年以後，美國幾乎所有企業都感到了世界市場變化的壓力，被迫紛紛轉向服務性企業，而此時的GE公司已經先於他人走了三四年，其服務已成為公司取得持續性增長的重要原因，是公司高速發展的主發動機。走在市場前面的傑克・韋爾奇，其超前的眼光和GE公司所取得的成績，令人嘆為觀止。一九八〇年，GE公司百分之八十五的利潤來自於製造業，而僅僅幾年之後，公司就有四分之三的利潤來自於服務業。

在市場經濟條件下，企業之間的競爭愈發激烈，企業能否在競爭中立於不敗之地，關鍵在於能否適應市場的變化。在行銷方面，企業管理者應該適時建立起一個優化的市場行銷管理系統，並抓住機會選擇最適合企業行銷的有利手段，以促使市場行銷獲得整體優勢。

壓力既隱藏在變化之中，也在變化之外。企業只有跟隨變化的市場不斷地變化自己的行銷模式，這樣才能在競爭中維穩而立，掌握更加先進的經營理念，在同行的激烈競爭中一馬當先。

[第二章]

勇於放下，辭職是一個新的開始

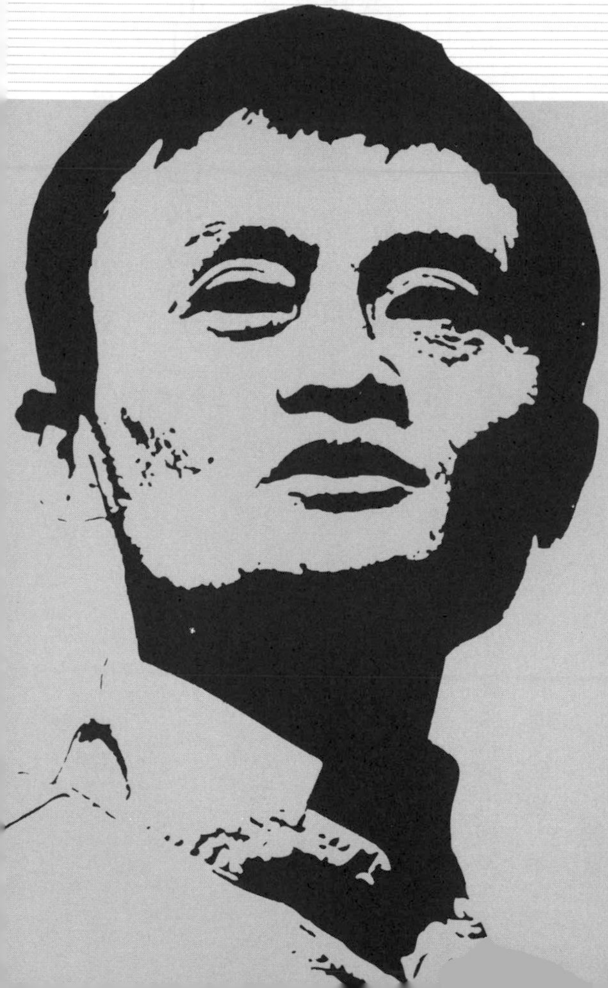

1 放下榮耀：昨日輝煌已成為過去

二〇一三年五月，就在阿里巴巴剛剛否認了董事局主席、CEO馬雲的退休傳聞不久，十日，馬雲就向廣大傳媒記者朋友們投放了一枚重磅炸彈：「從今日起，我不再擔任阿里巴巴集團CEO一職，但會繼續擔任集團董事局主席，並全力做好這份全職工作。」

馬雲帶領的阿里巴巴曾經在中國網路電子商務市場上造就了一個神話，他的赫赫戰績也被無數後來者提煉出精髓並奉爲行走商場的「用兵之道」。然而不論馬雲創造了多少個讓人羨慕的神話，他自始至終都保持著一份有別於他人的清醒，這種清醒，讓正處於事業頂峰的他更加能夠看清現在與未來的自己，所以，他放手得十分「舒心」。

二〇一三年五月十日，四十八歲的馬雲正式辭去了阿里巴巴CEO的職位。此前，馬雲曾在公開信上說：「作為創始人CEO，退讓CEO是個不容易的決定，因為這容易造成誤解，特別是我這個年齡，還是常規意義上年富力強的時候。」

馬雲還說：「快五十歲的人了，一半的、最好的黃金時間都已經過去了，等於爬到山頂上往下走了。下山要下得漂亮，你不肯下來，結果可能摔下來。」

二〇〇九年九月十日，阿里巴巴的十周年慶典晚會上，馬雲就曾說過：「我們不希望背負過去的榮譽，明天我們將會重新應聘求職於阿里巴巴，和任何普通的員工一樣，從零開始，為下一個十年繼續努力。」就在這一天，馬雲宣布了阿里巴巴十八位創始人集體「辭任」，他們從此由阿里巴巴的創始人變成了合夥人。

馬雲希望通過這一變革，讓這些創始人能夠放下他們因為創始人的身分所承受的壓力，從而更好地為阿里巴巴服務。

不論你現在是正處於商場的頂峰，還是正向著目標努力攀爬的途中，商場中，幾乎每位領導者都曾有過一段爲榮耀而爭的奮鬥歲月或驕傲過去。然而這些榮耀，僅僅是成功的過去式，並不能代表你人生的整個輝煌。

利奧・羅斯頓曾經說過：「你的身軀很龐大，但是你的生命需要的僅僅是一顆心臟。多餘的脂肪會壓迫人的心臟，多餘的財富會拖累人的心靈，多餘的追逐、多餘的幻想只會增加一個人生命的負擔。」

商場如戰場，變幻如風雲，命運並不會因爲你過去創造了輝煌，就給你永久的優待。尤其是在「江山代有才人出」的商場，每一分，每一秒，都可能造就出無數個神話。如果你總是停駐在過去的這一秒裏，那麼你可能就永遠都不會進步。

世界羽壇的標誌之一——丹麥選手金童皮特・蓋德不僅是一位讓人尊重的運動員，更是一位懂得適時「放下」的羽毛球健將。

二〇一二年五月底，在蘇迪曼杯上，三十六歲的蓋德突然向外界宣布自己將在倫敦奧運會之後退役，並且宣稱自己已經將「告別賽」選在了家鄉丹麥首都哥本哈根。儘管有不少粉絲為自己追隨十五年的偶像即將告別羽毛球壇感到有些惋惜，可是依然接受了蓋德的選擇。在「告別賽」後，蓋德接受《哥本哈根郵報》的採訪時，坦然道：「事實上，現在也該是我停下來享受家庭生活的時候了。我有兩個女兒，我要好好照顧她們。」

儘管放下了羽毛球壇上的一切風光與榮耀，但要完全告別自己心愛的羽毛球，蓋德內心還是有些捨不得。在退役之前，蓋德選擇了在隊中兼任教練。蓋德說：「我真心熱愛羽毛球，我也希望用自己的一些經驗教訓幫助年輕選手進步，可能會是丹麥國家隊教練，也有可能是另外的協會。」蓋德放下了榮耀而退役，不僅開啟了人生另一個新的篇章，而且還讓他自己體會到了生活的另一番樂趣。

過去的生活，不管如何輝煌或者暗淡，都會隨著時光如流水般遠去，留給我們的只有記憶。除此以外，它能影響你的又有什麼呢？對現實的生活來說，榮辱得失都只不過是過眼雲煙。無論你的過去多麼輝煌，代表的都是過去，即便對你現在找工作有一點點制約，也是暫時的，它也絕對不能決定你的未來。

正如馬雲，在「眾人皆醉我獨醒」的境界中，他能夠始終用一種清明的眼光去看待一切。在那最顯耀的時刻，馬雲不僅聰明地放下了自己的權力，而且還大聲地告誡人們：「每個人心裏都得有一張時間表，你得知道什麼時候不行，而不是相信我永遠行。」

人只有學會忘記和超越過去的榮耀，不斷掌握新的技術和本領，增強自身的競爭力，才能找到今天和未來的人生座標，取得新的成就，重新獲得他人的認可和尊重。那麼，請像馬雲一樣，趕緊從過去的榮耀中清醒過來吧。

2 放下權力：「給年輕人留一個舞臺」

馬雲說：「十四年的創業經歷讓我幸運地看清了自己想做的、能做的和必須放下的。從心底裏，我佩服今天的年輕人。對互聯網行業來說，四十八歲的我不再『年輕』，阿里巴巴的下一代比我們更有優勢運營好互聯網生態系統。」

對自己辭任阿里巴巴ＣＥＯ一事，馬雲在給員工們的信中曾明確寫道：「我絕無偷懶之想法，儘管當阿里巴巴ＣＥＯ絕非易事。我是看到阿里年輕人的夢想比我更美，更燦爛，他們更有能力去創造自己的明天。」

二〇一三年，震動中國互聯網行業的「馬雲辭職事件」讓很多業內人士都認為中國互聯網創業的時代已經過去，留給年輕人的機會也越來越少了。但是馬雲卻不這麼認為，相反的，他倒覺得中國互聯網還沒真正到來，年輕人的機會會越來越多。馬雲對下一代即將奮起的精英們這樣評價道：「這世界誰也沒把握你能紅五年，誰也沒有可能說你會不敗，你會不老，你會不糊塗。解決你不敗、不老、不糊塗的唯一辦法——相信年輕人。因為相信他們，就是相信未來。」

馬雲稱現在的年輕人比自己聰明，他說：「今天自己解決不了的問題，不代表未來的年輕人解決不了。」馬雲還說：「阿里立志發展一〇二年，我們還有八十八年要走。沒有健康、良好的年輕人接班制度，我們很難想像我們會走到那一天。」

不可否認，很多能力卓越的企業領導者的眼界要遠遠勝過一些年輕的下屬，但是，當企業發展到一定階段，比如其經營形態日益多元化、規模也不斷擴大，等等，這就直接導致企業領導者無法再做到事必躬親。如果企業領導者非要大包大攬，反而很可能會付出一些不必要的代價。

在一些企業中，年輕的下屬雖然工作經驗相對來說沒有那麼豐富，但是他們年輕的思想是最富有創新精神的，因此也是最富有發展潛力的。現實生活中，很多企業都是因爲年輕人的加入才擁有了新鮮的血液，促進了企業向更好、更快的方向發展。

馬雲在創建阿里巴巴的路途中，雖也犯過「輕視」年輕人的錯誤，然而在後來的工作中，他卻逐漸改變了自己對一些年輕人的成見，他發現：「他們都是一張白紙，容易接受新事物，成才機率相對比較高。」馬雲還說：「如果一個年輕人今天和你說他要做什麼，三年後依然說他要做這個，而且堅持在做，那你就一定要給這個年輕人一個機會。」

一九九四年起，聯想幾乎每年都按百分之百的速度在增長。當有記者問及聯想CEO柳傳志的「經驗秘方」時，柳傳志卻說：「可以說一九九四年我們成功跨越了一個坎兒。」而跨越這個「坎兒」的，正是柳傳志緊急策略下以提拔年輕人為重任決策的成功。

柳傳志解釋說，作為老一代創業者，我和其他人一樣，對年輕人不是很放心。但是一九九三年在市場上的失利，讓我充分認識到，我們這一代人在聯想打天下的過程中發揮了奠基性的作用，這是毫無疑問的。但隨著時代的發展、技術的進步，創業梯隊的知識結構陳舊，對市場變化的反應遲鈍，對新知識的接受能力也不如年輕人了，潛在著「老馬可能拉不動大車」的危機，必須大膽啟用年輕人。我找到了當時集團CAD部總經理、年方廿九歲的楊元慶，告訴他聯想將有重大的改變，希望他以公司為重，放棄出國的念頭。

正是這場重要「委任」，讓聯想整個翻了身。後來，柳傳志專門成立了總裁辦公室，目的就是把一些具有良好可塑性的、有潛力的人才集中起來，一方面進行訓練與選拔，另一方面讓這些年輕人在工作中加強合作與協調，把他們培養成聯想的中堅力量。

一個人的時間有限，能力有限，能處理的工作量也有限，一個人不可能包攬所有事務。一個企業管理者要實現高效管理，就在於「小事不管，大事拍板」。有時候，年輕人並非不能擔當重任，只要能有所作爲，企業就應當給年輕人一個施展自己才能的舞臺，爲他們營造良好的成長環境。

馬雲在辭職讓權時，就曾對阿里巴巴的各位高階主管說過：「這世界誰也沒把握你能紅五年，誰也沒有可能說你會不敗，你會不老，你會不糊塗。解決你不敗、不老、不糊塗的唯一辦法——相信年輕人。因爲相信他們，就是相信未來。」

在企業中，每一個人都扮演著一個特定的角色，而當這個角色已經變得陳舊，且不再能夠創造出新的輝煌時，就應當懂得退讓。只要企業願意給有能力的年輕人一個機會，放手讓他們去發揮自己的才能，多給他們一些信任和支持，那麼企業才可以得到更加輝煌的明天。

3 放下虛名：「我不是傳奇，我是平凡的人」

如果問誰是中國互聯網的開山之人，大概很多人都會異口同聲地叫道：「馬雲。」的確，「馬雲」不僅是互聯網界中「傳奇」的代號，更是很多年輕創業者心中的「創業偶像」。然而，對於外界給予如此高的聲譽，馬雲卻說：「我不是傳奇，我是平凡的人。我最怕別人把我看成聖人、教父，我跟大家沒什麼區別，是淘寶和阿里巴巴給了我光環，不是我給淘寶、阿里巴巴、支付寶光環。是兩萬多名員工幫了我，不是我幫了他們。」

馬雲在一次接受記者的採訪時說過：「我不知道『創業教父』是什麼東西，也從來沒有想過做『創業教父』！」他表示，一開始的時候，自己跟所有人一樣，把李嘉誠、比爾‧蓋茲當做自己的榜樣。但是馬雲又說：「後來發現他們不是榜樣，沒法學習，因為他們太大、太強。真正的榜樣一定在你附近。你做小飯館，榜樣就是斜對面的小飯館老闆，為什麼他家門口排隊而我們家的服務員比客戶還多？小飯館老闆就是你的榜樣。」

馬雲還告誡青年們說：「希望以後大家永遠覺得我們一樣，事實上我們本來就是一樣的。我只是比你們早生了幾年，我經歷了一個好的時代，我有一些好朋友，有很好的一群人在幫我，我才會這樣。十年以後，你們也會，只要你說『我也願意這麼去努力』，肯定可以，沒什麼傳奇的。」

商場上的名利紛爭十分常見，爲了一點「蝸角虛名，蠅頭微利」爭破頭皮、撕破嘴臉的大有人在。而今，「爭名奪利」已成爲不少商業人士混跡商場的終極目的，在這種心態的帶動下，很多人漸漸在名利中迷失掉自我。

真正有修爲的人，常常會將「忍狂妄，忍猖介，耐清寂，耐不遇」作爲自己的行爲準則，不渝地執行，從不爲虛名所累。他們明白，表面上的那些尊稱實則都是泡影，要想真正獲得他人的尊重，那麼就得靠汗水積累而來。

從阿里巴巴建立之初起，馬雲對待所有的成功與失敗都是一種「拿得起，放得下」的「大家」之態。即便是在今日，他已經選擇從阿里巴巴輝煌的領獎臺上走下來了，也依舊是一副從容不迫的隨意之態。在馬雲的眼中，名利就如過往雲煙，自始至終，他展現在人們眼前的從來都是那個沾滿人間煙火的「凡夫俗子」。

中國文學泰斗季羨林先生，不僅是中國著名古文字學家、歷史學家、作家，而且還在佛典語言、中印文化關係史、佛教史、印度史、印度文學和比較文學等領域，都做出過突出貢獻，成為享譽海內外的「東方學大師」。

季羨林先生的頭上頂著無數被人豔羨的光環，然而二〇〇六年，九十五歲高齡的季羨林先生卻鄭重請辭「三頂桂冠」，要求遠離虛名。季羨林先生在其《病榻雜記》一書中寫道：「『三頂桂冠』一摘，還了我一個自由自在身。身上的泡沫洗掉了，露出了真面目，皆大歡喜。」而這裏的「三頂桂冠」正是指：「國學大師」、「學界泰斗」和「國寶」這三個稱號。

季羨林說：「到了今天，名利對我都沒有什麼用處了。我之所以仍然怕，是出於慣性，其他冠冕堂皇的話，我說不出。『爬格子不知老已至，名利於我如浮雲』，或可道出我現在的心情。」

成就和名利是分不開的，當你通過攀爬達到了一定高度，或者說已經受到很多公眾的認可，有了一定的影響力的時候，你更應當學會從容地看待外界給予你的一切褒貶。名利不過是捆在每個人心頭的一把枷鎖，你越是緊張它的存在，它就會束縛得你越緊。

馬雲雖然已經離開了互聯網界，然而他卻沒有帶走自己在互聯網的影響。因爲不論他走到何處，停留何方，他曾經所創造出的一切都已經深深埋在人們心底，這些都是時間認證過的，更是一個時代的見證。它絕不會像那些禁不住時間考驗的虛名一樣，慢慢從人聲鼎沸的熱鬧人群中消逝而去。

一個人沒有不能放下的東西，功名利祿不過浮雲；當你參透了人生深邃，自然對得失就不再放在心上。做個平凡的人，做好平凡的事，所謂「英雄不留名，但留凡人心」就是這個道理。

4 放下貪欲：有所為，有所不為

許多企業經營者時常會在經營過程中犯下這樣一個錯誤：「貪大求多」。他們一貫的作爲是最大限度地達到所定目標，且不論使用何種手段。這種做法就是一路「貪吃求大」，最終在碰到「軟釘子」後，上不去，下不來，僵死在途中。

馬雲說過：「在商場上有三種人——生意人，創造錢；商人，有所爲，有所不爲；企業家，爲社會承擔責任。」在馬雲看來，無論是哪一類商人，在商場上都要有原則，有底線，懂得經營，這樣才能真正在商場上有所作爲。

從阿里巴巴最初發展到如今，已經延伸出了淘寶、支付寶、阿里媽媽等大型網站，然而，正當阿里巴巴這個「老大哥」帶領著「小弟」、「小妹」們繼續向前衝的時候，馬雲卻適時地放下了。

二〇一三年，四十八歲的馬雲在其阿里巴巴的辭職大會上說道：

「九年前初創淘寶時，有位投資者朋友和我談話，希望我有一天不再擔任CEO。他認為我不會是個標準版的合格CEO，我同意他的看法，呵呵。但我知道那時候的我和公司都沒有準備好。從那時候起，我和我的團隊就開始為這一天努力。我們也許不會是最成功的公司，但我們希望自己是最持久、最具活力的公司。」

阿里巴巴最初創建之時還只是一個小小的商務網站，但在「西湖論劍」後，馬雲就帶領阿里巴巴管理著全球最大的網上貿易和商人社區。面對這些成功，馬雲並沒有表現出「亂花漸欲迷人眼」的神態，也沒有像人們眼中一般商人那樣的急功近利，而是在大家都爭先恐後地爲自己爭創更大利潤、吞噬更多財富的過程中選擇了「放下」。

馬雲在一個電視節目中對主持人說過：「我們不想做商人，我們只想做一個企業，做一個企業家，因爲在我看來，生意人、商人和企業家是有區別的，生意人以錢爲本，一切爲了賺錢；商人有所爲，而有所不爲；作爲企業家，是爲社會創造財富，爲社會創造價值，影響這個社會。賺錢是一個企業家的基本技能，而不是你的所有技能。」

《菜根譚》上有句話說得好，「勿以善小而不爲，勿以惡小而爲之」，說的就是做人的道理。而做生意也是如此，「不要因爲利潤少就不去做，也不要因爲風險小就去做」。任何時候，都要懂得有所爲，有所不爲。

愛財本就無可厚非，不是所有人都具備聖人那種「視金錢如糞土」的境界。但是，在競爭越來越激烈的今天，很多人在競爭的過程中，忘記了自己當初創建企業的最初目的，爲了一些利益，不惜冒著巨大的風險讓企業從中盈利，甚至爲了自身的發展，不惜把已經發生的企業危機放在一邊，一味地跟進。

馬雲曾經說過這樣一句話：「生意人都是唯利是圖，商人有所爲有所不爲，企業家必須有社會責任感。」企業要發展，必須懂得結合自身情況來「量身定價」，該放棄某些東西的時候，就不應違背原則貿然前進，否則帶來的最終後果將是不堪設想的。

做大事者必遠離一個「貪」字，放下心中的貪欲，實事求是地踩著步伐前進，這樣才能爲企業找到真正可以進步的地方。同樣，一個創業者如果能夠學會「有所爲，有所不爲」，那麼必然最終能夠得到精神上的圓滿。

5 放下人言：在眾說非議中走自己的路

二〇一三年五月，正當商業各界人士都在計畫下半年該如何運籌運營等事項時，「馬雲離職」消息的傳出，讓各路人士的眼光全聚集到了一起。然而，各界對事件本身的關注程度，遠遠不及對其他八卦新聞來得猛烈。爲什麼？誰會捨得丟下阿里巴巴這麼大塊肥肉不要？莫非馬雲又在耍什麼花招？

看著各路人士爭相猜測，一片非議之聲，馬雲卻是十分坦然。對這種非議，馬雲似乎早就司空見慣，不僅十分淡定地在公司舉辦了正式離職的儀式，走之前還不忘與各路人士打了聲招呼：「我揮一揮衣袖，不帶走一片雲彩。」

馬雲說過：「我帶領阿里巴巴一路走來，備受質疑，被許多人懷疑、拒絕、誹謗，可這就是新生事物。如果每個人都認同了，還輪得到我們做嗎？每個新生事物都是在非議中成長的，要成就一番事業，需要有超前的眼光、敏銳的觸覺，就是要做一些別人暫時不敢做的事，才能把握住先機。當別人明白了，我們已經成功了；當別人理解了，我們已經富有了。」

或許，正是因為馬雲能夠放下人言，才能夠一路淡定地走到今天。哪怕此時馬雲已經宣布離職了，卻依然能夠從容地應對各路人士的猜疑。哪怕各路非議已經傳到了馬雲的耳朵裏，他依然能夠表現得十分沉默，只是通過官方向媒體和各界人士給出了資訊：「接任創始人CEO是個很艱難的工作，特別是接像我這種『外星人』類的CEO，更是需要有巨大的勇氣和犧牲精神。阿里巴巴有幸有數位這樣的人才。」

國美總裁黃光裕說：「一個機會只要有三分把握都要去試。自古以來，成功都是從嘗試開始的。馬雲於一九九五年去美國，知道了互聯網，回來後創辦了中國第一家網路公司：中國黃頁。那個時候他宣傳互聯網，人人都認爲他是騙子，結果到了今天，阿里巴巴的市值足有四千億港幣。」

都說人言可畏，可是真正讓人感到害怕的不是眾人的非議，而是內心的怯弱。放下人言，不在乎別人說什麼，不管它聽起來有多麼匪夷所思。只要你內心能夠做到心無旁騖，那麼你就能順著自己的道路走向成功。馬雲的離職，是他自己選擇的道路。不論他以後是否真的不再將心思過多地放在阿里巴巴上，那都是他經過一番思考後所做出的決定。不難看出，在成功這條路上，馬雲始終都能夠堅持自己，哪怕離職後，他也能義無反顧地走屬於自己的路。

有人採訪美國國際公司總裁馬休・布魯斯，問他對別人的批評與質疑是否敏感。他說：「是的，我年輕時確實對別人的非議非常敏感，因為當時我渴望全公司的人都認為我是完美的。如果他們不認為如此，我就會很煩惱。為了取悅第一個有反對意見的人，往往我得罪了另一個人，於是我又得安撫第二個人，結果搞得一群人都有意見。」

「最後我終於發現，為了避免別人對我個人的批評，我試圖安撫的人越多，我也同時得罪了更多人。我只有告訴自己：『如果你身居領導地位，就注定了要被批評，想辦法習慣它吧！』這對我很有助益。從那以後，我只管盡力而為，然後撐起一把傘，讓批評之雨順傘滑落，而不再讓它滴到脖子裏，讓自己難過。」

正是因爲布魯斯的這把「傘」爲他遮擋了許多「批評之雨」，才讓他得以有了這樣龐大的事業。問問自己：我對他人的批評敏感嗎？是否會爲他人的一句搶白暴跳如雷？是否會因人家一個譏誚就沮喪頹廢？是非天天有，不聽自然無。不把他人的批評放在心上，自然也就沒那麼多煩心事，才能將心思與精力更多地投入到自己要做的事情之上。

事實上，越成功的人，往往受到各界的猜忌，甚至誹謗就會越多——這已成爲整個社會的共識，所謂「人怕出名豬怕肥」。你默默無聞的時候，誰都不會注意到你；而當你嶄露頭角時，大家開始多看你兩眼；最後你聲名大振了，各種各樣的負面新聞就會如潮水般湧來。

總而言之，總是被他人言論所左右的人，是不可能或者很難做出大事業來的。無論你在做什麼，都請堵住耳朵，義無反顧地堅持下去。有時候，成功往往就在你最後那一刻的堅持中突然出現。

6 放下浮躁：心可以大，目標不要太大

浮躁不僅會讓創業者急功近利，而且還很容易使創業者走向迷途。馬雲曾經多次強調，對一個創業者來說，創業的過程中會有無數障礙和困難，只要有一個問題沒解決，就很可能前功盡

棄。所以，浮躁心理是創業者解決這些困難時最大的障礙。

不論是阿里巴巴建立之初，還是如今離開阿里改做「菜鳥」網路，我們看到的馬雲，似乎總是在略爲深沉的思考之後，才開始邁步前進。對阿里成功之後的下一個目標，馬雲從來也沒有過好高騖遠，而是將目光對準一個點，全力以赴。

馬雲在接受記者採訪時曾說：「假設我今天是九十後，重新創業，前面有個阿里巴巴，有個騰訊，我怎麼辦？首先第一點，我會利用好騰訊和阿里巴巴，我想都不會去想，我會跟它去挑戰，因為現在我的能力不具備，心不能太大。」

馬雲表示，希望現在的年輕人不要好高騖遠。他說：「我要問很多年輕人，你們到底想創業還是想做大事業？我當年說，我以前把比爾・蓋茲當榜樣，後來我不知道該怎麼幹起來；做金融，我把巴菲特也當榜樣，卻發現根本幹不起來。其實隔壁的小王、小李，開餛飩店的、搞理髮店的也是你的榜樣，你創業一定是這樣。」

馬雲還告誡想要創業的年輕人：「不要埋怨創業的機會少，是因為你不夠努力，你不夠執著，你的心不夠穩定。機會其實很多，但是你個個都想做騰訊，個個都想做Facebook、谷歌，真難，這種機率太低了。」

不論是在生活中還是在商場中，有一些人總是好高騖遠，他們往往大事做不了，小事做不來，還總埋怨沒有機會，自己空有一身本事得不到施展。事實上，在商場中，追求速度的卓越不是第一位的，相反，放下盲目以「快」爲目標的心態，腳踏實地做事情，才是安身立命的根本。

萬科集團董事長王石曾經說過：「我想浮躁心態是現在普遍的一種存在，恨不得今天讀一本書，明天能馬上見效，上午一句什麼警句，下午馬上一說出去就可以得到大家的賞識，太浮躁。這是我想說的，年輕人急於求成。當然我得首先批判自己。不批判自己，別人會說，就你不急躁，就我們急躁，其實我也有急躁的時候。」

當然，「腳踏實地」絕對不等同於原地踏步、安於現狀、停滯不前。「腳踏實地」需要我們擁有更多的韌性和更明確的目標，縱使向前的每一步都很小，也要時刻不間斷地前進。事實上，最後那「突然」而來的成功，絕大多數都源於這些「量微」又「密集」的「腳踏實地」。

二○○○年，馬雲將阿里巴巴的英文網站放到矽谷，當時正值互聯網的冬天，大批互聯網公司倒閉，阿里巴巴的矽谷中心也陷入了生存危機中。如果不儘快採取措施，整個阿里巴巴將就地陣亡。二○○○年年底，馬雲宣布全球大裁員。二○○一年，馬雲開展了阿里巴巴的「整風運動」。「如果你心浮氣躁，請你離開」，這句話，馬雲不僅是對員工講的，也是對自己講的。

靜下心來的馬雲開始考慮阿里巴巴的核心是什麼？經過深思熟慮，馬雲認為，小企業通過互聯網組成獨立的世界，這才是互聯網真正的革命性所在。幫助中小企業賺錢是阿里巴巴的目標。於是，馬雲頻頻飛到世界各地聯繫買家。

同時，在分析當時國內電子商務的環境後，馬雲發現，Ｂ２Ｂ交易成敗的關鍵在於安全支付問題上。於是，二〇〇二年三月，阿里巴巴啟動了「誠信通」計畫，和信用管理公司合作，對網商進行信用認證。結果顯示，「誠信通」的會員成交率從百分之四十七提高到百分之七十二。於是，從二〇〇二年開始收費，年付費用兩千三百元的「誠信通」成了阿里巴巴盈利的主要工具，四萬五千個網商的營業收入讓阿里巴巴日進斗金。至此，冷靜下來的馬雲終於把握住了阿里巴巴的發展方向。

諾貝爾醫學獎得主湯瑪斯・高特・摩爾根說得好：「不要把志向立得太高，太高近乎妄想。沒有人恥笑你，而是你自己磨滅了目標。目標不妨設得近點，近了，就有百發百中的把握。標標中的，志必大成。」

創業中的每一個人都需要有自己堅定的目標，也需要通過努力去實現自己的目標。但是目標要現實，不能太虛幻，太籠統，否則就可能只是曇花一現。目標的制定既要基於現實，又要超越一般標準。太難和太容易的目標，都不會激發人們去實施的熱情。

企業的發展要靠管理者一步一個腳印地去完成。只有放下心中的浮躁，朝著既定的目標前進，這樣縱然失敗，卻總會有達到目的的那一天。

[第三章]

戰略眼光，站在局外看局內

1 全球眼光，第一天就站在全世界

很多企業家，尤其是一些中小企業家，在考慮自己的企業發展的時候，有全球眼光的並不是很多。然而，在經濟全球化蔓延的今天，國內的經濟市場已經與世界市場緊密連在一起了。你不去考慮它，它卻會考慮你。這就要求企業家必須要有一點全球眼光，才能使企業走得更加長遠。

馬雲在創辦阿里巴巴時就曾說過：「不管再遠大的理想，必須立足於本地。全球的眼光，當地制勝。一個企業要發展，並不是你人在那裏就可以了，而是要你的心在那裏。你如果看全世界，你能做全世界的生意。」

二○○九年，馬雲在中國首屆網商交易會「內外兼修共贏天下」論壇上表示，廿一世紀是一個開放的世紀，必須從全球的角度看問題。前面的八年，阿里巴巴做的事情是證明中國將會誕生一批新的群體——網商。

「各地有各自的商人群體，廣東有粵商、山西有晉商，但是互聯網是沒有區域的，都是網商，後面的五年我們將證明網貨的力量。」

馬雲認為，今天的中國必須宣導互聯網的分享力量，製造商們要迅速開始新的行銷。

在他看來，傳統的管道商拿了製造業的錢，剝削了消費者，但他們拿的錢不是用來真正地完善管道，而是做各種投資。馬雲說：「未來的五年我們將宣導和推進網貨的力量，再五年，我們將推進網規，沒有網路上的誠信和做事的規則，我們絕對不相信互聯網可以完善。」

在馬雲的眼中，「開放的胸懷、分享的精神、承擔責任、全球化的眼光，是廿一世紀要想成功必須要有的四大特徵」，而每一個阿里巴巴人都必須做到。

在經濟全球化這股大潮的湧動下，企業只有樹立正確的策略，對未來發展前景的各種艱難險阻有一個充分的思想準備，才能在國內外市場都能站得住腳。畢竟，如今競爭已成爲全球的競爭，企業只有從更加宏觀的角度去看待世界，著力發展和更改自身戰略步伐，才能跟隨潮流而前進。

當然，制定一個正確的戰略絕非易事，這裏就包含著對國內、國外兩個大局的理解，對所在國基本國情與市場經濟的理解。同時，如何同外部世界打交道，這也是有學問的。而在這些過程當中，企業日常所建立的外交資源將會發揮積極的作用。

馬雲曾經說過：「宇宙是多麼浩瀚，地球像粒灰塵根本找不到。地球都找不到，人更別說啦。你要想到這些，你就有了遠見。」作爲一個卓越的商界領袖，一定要放眼全球，從大局出發，這樣才能夠在競爭中勝出。

一九八〇年到一九九三年，可口可樂公司的股票價值從四十多億美元上升到五百六十億美元，成為當時全美市場價值排名第六的上市公司。面對如此輝煌的業績，公司領導人並沒有高興很久，因為所有人都面臨著一個嚴峻的挑戰，那就是可口可樂如何在整個二十世紀九〇年代保持高速增長。

當時，可口可樂的領導人戈伊蘇埃塔決定依靠更廣闊的市場來推動公司的發展。於是，他開始了可口可樂的全球戰略佈局，努力把公司和品牌打造成「環球可樂」。為了打開海外市場，戈伊蘇埃塔首次實地考察了一系列歐洲國家，目的在於探討可口可樂及其合作商們如何在該地區進行十億美元的投資。

成功的考察使戈伊蘇埃塔相信，可口可樂將步入一個發展新時代。他說：「我們過去是一家擁有大量國際業務的美國公司，而如今我們是一家在美國具有一定規模業務的大型國際公司。」在後來的商業實踐中，戈伊蘇埃塔重新改造了可口可樂公司，使它發展成為一家全球化的飲料公司。可口可樂公司的這一切，都與戈伊蘇埃塔的「全球眼光」經營策略有直接關係。

在近十年的世界財富英雄榜上，有兩個熱門人物十分值得大家注意：一個是沃爾瑪創始人薩姆・沃爾頓，一個是微軟掌門人比爾・蓋茲。許多人都在探究比爾・蓋茲創造財富的奧秘。然而，比爾・蓋茲一言以蔽之說：「我的眼光好。」

塞斯．沃曾經說過：「我一直相信，一個公司的眼光應該長遠一點。只顧眼前利益，如同順著斜坡滑一樣，可能偏離主題，越走越危險，直至最終災難的到來。」由此看來，只有開闊性的眼光才會爲企業帶來更長遠的利益。

每一個企業的高層管理者應該明確，市場行銷和管理決策本身包含了大量的預測活動，而把握未來市場發展大勢也是管理者必須具備的素質，只有努力使遠景目標成爲可以實現的美好願望，這樣才不會犯下「因小誤大」的錯誤。而將目光投向全球，將會讓你一直站在世界的最前端。

2 眼光超前，創業要有超凡的預見力

有句名言說得好，「你能看多遠，你就能走多遠。」在如今競爭異常激烈的商戰中，企業要想獲得先機，就得對未來策略的制定有一定的預見性與預測力。因爲慢一秒，就有可能意味著失去贏得先機的機會，還有可能讓正在成長中的企業關門大吉。

馬雲的高明之處，不在於他對現有事物的掌控力有多強大，而在於他遠高於常人的對未來趨

勢的預見。用馬雲的話來說，「如果時機成熟，就輪不到我來做了」。在大部分人都還處於「眼盲」、「耳盲」、「心盲」的時候，馬雲總是第一個預見到商機。

二〇一〇年，馬雲在出席網貨交易會時，就曾首次談及涉足物流行業的原因：「目前物流行業存在發展阻礙，阿里巴巴相信生態鏈建設，因此一定會在物流上做些事情，但不會搶民營企業的飯碗。」

馬雲曾經說過物流是制約電子商務發展的最大問題，而今他又再次重複了這一理論：「在電子商務剛開始發展的時候，支付跟不上，現在支付寶發展起來了，物流又遇上了大問題。我們可以預見到淘寶一年可以做一萬億，但是做不到四萬億，主要原因就是物流。」

在談及涉足物流業的原因時，馬雲說，上一個世紀，企業要成功，需要抓住機會；但是這一個世紀，企業要成功，就必須思考，看能夠幫助別人解決什麼問題，而不是看機會。

正因為此，二〇一三年，馬雲一卸任阿里巴巴的ＣＥＯ，立馬就將眼光投放在了自己預見已久、卻未曾著力實施的物流中去。而同馬雲當初預見的一樣，物流很顯然已經成為了當今電子商務平臺中不可分割的重要組成部分。

抓住商機，對創業者來說很重要，是決定創業者成敗的關鍵所在。然而，什麼是商機？並不是等人都聽到了發令槍響才是商機，而是在大多數人都還不曾看清的時候，你已經對未來有了初步的預設與規劃。

今天的阿里巴巴，從淘寶到支付寶，從天貓到一淘，再到將要全新打造出來的物流界。可以說，其構建的電子商務生態系統不僅正影響著線上線下的商業經濟，而且還對社會商業形態有著巨大影響。然而，即便如此，馬雲依然不允許阿里巴巴被外人所控股。馬雲「私有化」阿里巴巴，正是看到了數十年後阿里巴巴的影響力，提前解決未來可能出現的巨大麻煩。

人們常說，弱者等待時機，強者創造時機。尤其是在這樣一個資訊時代，對創業者來說，時機就是商機，商機就意味著成功。創業不僅要有超凡的想像力，更要有一定的預見力，這樣才能爲企業的未來發展提前做出更好準備。

作為星巴克的市場經理，一九八三年，霍華德・舒爾茨被派到義大利米蘭去參加一個國際家居用品展。一天早晨，他來到賓館旁邊的一個咖啡店時，驚訝地發現，這裏的咖啡店不僅僅是一種商業的模式，它已經成為了一種文化。咖啡就像是一種紐帶，而咖啡店則是人們情感交流和休憩聊天的絕好的「第三空間」。

舒爾茨被這些充滿人文氣息的「咖啡」深深地震驚了，他堅信這種全新的「咖啡文化」必將成為休閒時代的潮流。舒爾茨抱著發揚這種文化理念的決心回到美國星巴克，但是星巴克的管理層們卻異常頑固，他無法說服他們，以至於最終不得不離開了星巴克。

一九八六年，離開星巴克的舒爾茨開起了第一家咖啡店。這種新的咖啡文化，給了人們全新的體驗，使他的生意異常火爆，到一九八七年，他就開了三家店，每家店的銷售額都達到了年均五十多萬美元。而就在這一年，老的星巴克的擁有者鮑德溫等人打算把星巴克賣掉，舒爾茨立即籌到了四百萬美元，將它買了下來。就這樣，新的星巴克誕生了。

如今星巴克咖啡的名號已經享譽全球，霍華德・舒爾茨憑著對人們生活文化發展趨勢的深刻洞察與前瞻性的把握，在短短的二十年時間裏，打造了一個遍佈世界的咖啡王國。

馬雲曾經說過：「做互聯網好像衝浪，機會稍縱即逝，不能夠等浪高了再衝，要隨浪而高，隨風而變。」對每一位創業者來說，時間就是金錢，以快取勝，創造時間效益，不輕易放過任何機遇，要牢牢樹立起「時間就是商機」的觀念，才能夠捕捉到市場機遇。

畢竟，在現代這個以市場需求為核心的市場經濟中，市場總是瞬息萬變的。抓住機遇，爭取時間，才能因勢利導，化險為夷，讓企業的未來之路能夠走得更加順暢一些，否則，一旦企業發生任何危機，可能就會因為措手不及而導致失敗。

當然，企業每一次的預見都會存在有一定的風險。因此，一個敢於預見的創業者必須有勇氣去承擔這種風險，並且善於避開風險中的各種阻礙，有能力將風險轉化為機遇，這樣才能在超前於他人的眼光中拔得頭籌。

3 眼光放遠點，未來的事大家拼的是想像

市場的變幻莫測往往決定了企業的興衰成敗，然而有些企業在恰逢市場慘澹的時候，往往很容易洩氣。事實上，機遇無時不有，無處不在，關鍵在於你是否能夠練就一雙火眼金睛，能夠看得比常人更遠。

正如馬雲說過的：「在創業的過程中，不要看到小金子就忙不迭地揀起來，否則會不勝其累，無法到達遙遠的金礦。唯有把眼光放長遠，全力投入到創業中去，才能收穫最豐厚的回報。」

在創建C2C、B2C項目不久，馬雲就發現阿里集團發展的重要瓶頸是物流業的滯後。經過一連串列考察，馬雲心中騰升出了「大淘寶」戰略計畫，這個計畫也成為了阿里集團未來發展的重中之重，因為這一戰略不僅會改變物流業整體的佈局，還會使C2C、B2C、B2B產生聯動效應。

經過一番市場調查，馬雲發現，送貨慢、服務態度差、品質無法保障，幾乎已經成為了如今網購零售業的心病。雖然一些B2C企業如凡客誠品、京東商城等已經有了自建的配送團隊，但是其覆蓋範圍還是很有限的，而且缺乏統一的服務規範。因此，馬雲將目光

看向了更遠處，創建了以物流為主的「大淘寶」戰略。相比於單一的Ｂ２Ｃ企業來說，馬雲的這次「大淘寶」物流計畫因為依託阿里集團Ｃ２Ｃ、Ｂ２Ｃ、Ｂ２Ｂ業務，因此具有巨大的潛在需求和發展空間。

曾經有人用獵狗這種動物來比喻優秀企業家的睿智精神，獵狗平時謹慎而低調，可一旦嗅到了獵物的氣息，就會迅速出擊，搶先找到獵物，而旁人只好眼睜睜地看著牠將獵物叼走。馬雲的成功經歷恰好告訴我們，一個人的成功並不是偶然的，而取決於他的那種獨特的獵犬式的眼光和遠見。在馬雲的眼中，未來的事大家拼的是想像——這亦是一名優秀的企業管理者所應具有的眼光與睿智。

當初微軟做起來的時候，人們都說沒人能超越微軟；後來出現了雅虎，人們說沒人能超越雅虎；後來又出現了eBay，人們覺得eBay已經很了不起了，又出現了谷歌。而當人們覺得谷歌已經像太陽一樣燦爛了，現在又出現了Facebook。

當然，也有一些企業的成功來源於企業家的直覺和他們對市場機會的「賭注」。然而，這種「賭注」卻只會讓企業家們出現急功近利的問題。例如，只看到了短時間內的盈利，忽視了企業未來的發展，讓企業一時獲得蠅頭小利，而在未來造成整體格局的大變動。

網易總裁丁磊在剛開始創業的時候，覺得寫軟體比較賺錢，於是他將網易定位為一家軟體公司，免費郵箱的大賣使他賺得缽滿盆盈。而當丁磊發現網站運營的訣竅、看到廣告營收的利益時，他立即眼光一轉，決定向門戶轉變，軟體公司搖身一變成了真正意義上的互聯網公司。由靠技術賺錢轉型為靠服務賺錢，這一戰略轉型正是靠著丁磊敏銳的市場眼光實現的。

為開拓海外市場，吸引海外投資者，網易開始籌謀上市。這是網易進入國際資本市場、接受國際競爭挑戰的標誌，可惜卻遭遇「滑鐵盧」，使得網易遇到了前所未有的失誤和災難。這時候，丁磊乘著二〇〇一年新浪和搜狐爭相在門戶內容上肉搏的時機，另闢蹊徑，找到了絕處逢生的機會，網易開始投入無線業務和網路遊戲。這在當時不被看好的領域，經過一年積累就迅速井噴。

在三大門戶網站中，網易的純收入不到搜狐的三分之二，而搜狐又只有新浪的四分之一。在這種情況下，丁磊暫時放棄新聞和內容建設，大膽轉型，主攻網遊和短信，同時還繼續保持門戶網站上一些服務產品的優勢。

經濟市場每日都在不停地變動，企業要想在這種變動中尋求到更好的發展，那麼就應該對市場隨時保持一種靈敏的悟性。這種悟性是企業管理者對經濟所應具備的觸覺，只有把握好這份敏感性，才能更好地分析市場、投入市場，最終贏得市場。

著名的管理大師彼得・德魯克曾將創業者定義爲那些能夠「尋找變化，並積極反應，把它當做機會充分利用起來的人」。的確，能夠發現獨特的機會是成功創業者所必須具備的一項特質，是他們成功的起點。能夠發現獨特的機會，在某種意義上就意味著創業已經成功了一半。

一個成功企業管理者的眼光絕不會只局限於眼前的小利上，他們會自己發掘出更爲廣闊的市場與目標，並且制定出可行的方案，再自己去努力拼搏與奮鬥。對他們來說，只有擁有高瞻遠矚的能力，才能實現自己還未完成的長遠計畫。

4 眼光獨到，善於發現被別人忽視的機會

馬雲曾經說過一句話：「如果我馬雲能夠成功，那麼百分之八十的年輕人都能夠成功！」可爲什麼那麼多人沒有成功呢？馬雲之所以能成功，除了具有創業激情和能夠吃苦的精神，還在於馬雲有眼光。馬雲是一個眼光獨到的人。

我們身處在這個資訊時代，資訊就是我們經商的基礎，所以眼光獨到，善於捕捉資訊，就等於抓住了成功的機遇。回顧馬雲的創業經歷，我們可以充分證實眼光對創業者的重要性。善於發現被別人忽視的機會，你就擁有了獲得成功的一半籌碼。

二〇一三年四月，馬雲現身雲南昆明，在「二〇一三年中國綠公司年會」上透露，目前自己正與圈內好友構思「中國企業家創業者大學」，計畫在未來兩年內辦起來。

在會上，馬雲談到了自己對中國經濟前後三十年的看法。馬雲認為，中國改革開放三十年是中國「探索中發展的三十年」，自己和柳傳志這一代的企業家都是前三十年的幸運者。但是，未來的三十年可能將是中國競爭較激烈的三十年，因為隨著市場經濟的不斷融合與改變，企業未來面臨的挑戰將會非常大，而互聯網行業「還有十年可以做」。

在馬雲的心中，幫助中小企業共渡難關是阿里巴巴一直所堅持的初衷所在，而辦「中國企業家創業者大學」，不僅是幫助中小企業創業者更好的途徑和方式，對自己的拓展目標而言，也是一次機遇。

日本企業界曾提出這樣一句口號，「做別人不做的事」。也就是說，創業、開店、做生意，要尋找冷門，獨闢蹊徑。馬雲也說過：「一個項目、一個想法如果不夠獨特的話，很難吸引別人。」

在這個資訊氾濫、商店林立、充滿著競爭與挑戰的時代，所有創業者都會感覺到如今生意難做、錢難賺。但生意越難做，就越會有人賺錢，因爲他們總能棋高一著，靠自己獨具匠心的產品和服務吸引顧客的眼球。在創建戰略方式的途中，他們要求越新越好，越獨越好，也正是因爲這份「新穎」，讓他們能夠站立到今天。

事實上，創業是一件十分艱難的事情，然而只要你能夠眼光獨到，看到他人所沒有看到的，能夠在他人之前抓住機遇，那麼就一定能成功。正如馬雲曾經答記者問時說的：「做任何事，今天會成功的事情，我不會做。十年後成功的事情，我會特別有興趣。」

都說溫州人十分會做生意，實際上是因為溫州人的眼光十分獨到。溫州商人劉世明初戰商場時，當時溫州的服裝業正值鼎盛時期。看著身邊的親朋好友都在經營服裝，劉世明一時十分發愁，因為他對服裝業一竅不通，實乃「門外漢」。

沒有事情可做的時候，劉世明便和朋友一起到北京考察市場。也就在此時，他留意到街頭上有人穿著皮夾克，既漂亮又時髦。但是他又發現，偌大的北京城，穿著皮夾克的人卻非常少。即便是在熱鬧非凡的王府井，他也發現僅僅只有兩處賣皮夾克的，而且總是缺貨。根據皮夾克店鋪老闆的解釋，原來，皮夾克的貨源很稀缺，商場裏常常進不來貨，一旦購進，便會被喜愛的顧客一購而空。在王府井，劉世明親眼見到了那種蜂擁爭購的場面。這個場面使劉世明看到了商機，於是他決定另闢蹊徑，獨創自己最感興趣的皮夾克生意。

當時市場上的皮夾克只有黑色一種顏色，款式也很少，生產工藝也不複雜，對技藝嫻熟的溫州裁縫而言，他們一看便會做。就這樣，劉世明很快就設計出了第一批產品，問世後很快賣罄。於是他又生產第二批、第三批，很快便賣光了。久而久之，劉世明成了王府井商場的供應商，幾個市場都喜歡進他的貨。賣皮夾克不僅使劉世明賺了大錢，還使他名聲大噪，享譽京城。

不論從事何種行業，企業管理者都要能夠從別人容易忽略的地方發現屬於自己的商業機會。畢竟，在魚目混珠的市場中，要想第一時間博得顧客的喜愛，那麼就要靠在經營上以獨特的個性和少見的手法去吸引顧客的眼球。

馬雲曾經認爲，做生意，「做小了，就一定要做到獨特」。當然，要想眼光獨到，看起來是一件很簡單的事情，實際上做起來並不容易，不過其中也有一定的規律可循。

市場機遇的捕捉包含著觀念的確立、獨具慧眼的創意、正反思維的交替以及新技術的應用，等等。只要企業能夠抓住這點，並且果斷行動，那麼就一定能夠憑藉自己獨到的眼光和踏實的耐力實現自己的目的。

5 大勢不好的時候，你未必不好（看到危機背後的機遇）

一提及「大勢不好」這四個字，不少中小企業就像被霜打的茄子一樣，對企業的未來發展開始動搖起來。然而事實證明：在通往成功的道路上，從來就少不了危機的身影。但是這種「危機」並非一成不變，在某種情況下，沒有到最後一刻，請不要輕易給「危機」下結論。

馬雲曾經說過：「大勢好未必你好，大勢不好未必你不好。」正所謂「塞翁失馬，焉知非福」，或許你的這次「危機」可能就是你的「轉機」。如果企業能夠將精力都用在如何補救的方法上，那麼你就一定能夠看到危機背後所隱藏的機遇。

馬雲曾講過這樣一個故事：「在北京，有一位老闆曾問過我，如何看待現在的全球金融危機？我的答案是，二〇〇九年下半年會好一些。他説，是不是今年下半年經濟會復蘇？我告訴他，不是經濟會很快復蘇，而是許多企業將適應這一新的環境。再壞的環境也會有好的企業，而再好的環境中，也會出現爛企業。」

馬雲認為，百年一遇的金融危機不會很快就過去，但中國的企業卻有機會再次起來。屆時，包括雲南企業在內的中國企業將會有更多機會。馬雲認為，許多人把源於美國的金融危機歸咎於金融創新，這是錯誤的。外國一些投資銀行把垃圾債券包裝後再出售，實際是它們價值觀的淪喪，已違背了價值體系。在這場危機中倖存下來的企業將會更強大，因為它們會從中汲取教訓，從而更重視品牌、價值觀與使命感。中國已成為世界市場舉足輕重的製造基地，中國企業經過洗禮後，只要產業鏈不斷，就會獲得更多利潤。

「在若干年以後，當你們年紀很大時，會自豪地告訴年輕人：我們成功渡過了一次重大的金融風暴。對一個企業來說，危機將是一次機遇；而對一個企業家來說，危機可能是你的一筆人生財富」。

事實上，不僅僅是阿里巴巴或者是互聯網，每一個企業在面對經濟寒冬的時候，都要鎮定自若思考一下自己的對策。在寒冬期間，創業者一定不能坐以待斃，被寒流凍住身心，而是更要全力以赴、有條不紊地全面整改企業內部一切不好的制度和體系，爭取做到「利用危機，強大自己」。

當二〇〇八年互聯網的寒冬時期來臨時，談及中小企業，馬雲依舊顯示出他一貫的樂觀：「我從來不為中國的中小企業擔心。他們幾乎沒有銀行貸款，不是靠負債擴張。過去二十年間，這些中小企業憑藉自己的聰明、毅力和勤勞走到今天——沒有人引領，他們已然用上了互聯網，並且他們不斷學習，學會利用互聯網做生意；目前的艱難時刻，創造工作機會是一切經濟刺激計畫的核心要旨，而中小企業則可以提供大量的工作機會，這使它們成為國家經濟刺激計畫的一部分。最重要的是，這些企業家從不言敗！」

在經濟危機的大環境下，企業一定要做到鎮定自若，頭腦清晰，這樣才能從延伸的危機中找出自己可以破解的門路，爲自己尋找到另外一條謀生之路。如若輕易就被嚇倒，那麼就只能忙中出亂，最終加速失敗的到來。

當然，或許還有些人會這樣認爲，在「金融危機」的「大勢」下，恐怕不管你多有能耐，就是無法順順利利地一展所長。然而，「危」和「機」總是伴隨產生的。有危險產生，那麼就一定會有一定的機會去抵擋與防禦，最重要的是要卸掉心中的恐慌。

馬雲曾經認爲，外部環境的好壞與自身成功與否並沒有必然的聯繫。真正能決定我們的前途和成功的，是我們的努力和努力的方向。因此，在金融危機的「大勢」中，企業首先要做的絕不是怨天尤人，把一切的不如意歸結在「大勢」上，而是應該好好地反省自身，從危機中找到可以扭轉的「大勢」所在。

6 從宏觀思考問題，不做井底之蛙

一個企業若是不懂得從宏觀思考問題，只想著做井底之蛙，只注意眼前的利益，是不會長久發展的。因爲這個世界一直都在變，尤其是商業界，其變化更是迅速。今天你的商品賣得好，可能明天大家就去買別人的了，你就會虧損。如果其他人一直在變，而你不變，那你就是在坐井觀天，只是在做黃粱美夢。企業必須要跟得上時代發展的步伐，或者最好能引領時代的發展，這樣才永遠不會落後，被人甩在後面。

二〇一三年五月廿八日，中國深圳，阿里巴巴集團、銀泰集團聯合複星集團、富春集團、順豐集團、「三通一達」（申通、圓通、中通、韻達），以及相關金融機構共同宣布，「中國智慧骨幹網」專案正式啓動，合作各方共同組建的「菜鳥網路科技有限公司」（以下簡稱「菜鳥網路」）正式成立，馬雲任董事長，沈國軍任首席執行官。同時，中國人壽集團與阿里巴巴集團和銀泰集團，中信銀行與「菜鳥網路」分別建立了戰略合作夥伴關係，它們將為「中國智慧骨幹網」的建設提供資金支持。

此消息一出，作為淘寶賣家的我們才知道馬雲似乎早有新的規劃。「人生需要挖空自己，不斷注入新鮮血液，我們的生活才能有新的改變」。

那麼馬雲的「菜鳥網路」概論是否能引起大家的新意呢？

「公司定名為『菜鳥網路』，第一就是想時刻提醒我們自己，互聯網的創新無處不在。在互聯網時代，我們要保持『菜鳥』心態，才能保持創新性和學習性。」沈國軍表示，「而且我們要做的事情對我們而言是嶄新的、從沒人做過的。作為一個行業新入者，我們服務的客户也都是剛起步或正處在成長中的中小企業，相對於傳統大品牌、大企業，我們以及我們的客户還都是新手，取名『菜鳥』，意在激勵我們選擇共同成長。」

物流體系的不完善，一直是淘寶發展的瓶頸。如果物流方面的問題得到解決，那麼將來中國的電子商務將會創造出巨大的財富。有人說，淘寶永遠也打破不了物流的桎梏。馬雲似乎不相信這個說法，他要用他自己的行動，並且聯合大家的力量，一起爲中國的物流創造新的神話。

所謂宏觀，簡單來說，就是從一個大的角度看問題，比如站在時代的角度上看問題。做任何生意，都要瞭解清楚你所處的是什麼時代。宏觀，也可以理解爲一個全面而細緻的統籌式角度。站在這樣的角度來看一個企業的發展，會爲企業提供出多種發展的思路，並且能及時全面地總結當前時代的經驗，使企業不至於固步自封，總是重走老路。

一個企業如果不能把目光放得長遠些，不能敏感於企業的發展，即使這個企業再大，也會因爲目光短淺而被時代所淘汰。

諾基亞是一家擁有百年歷史的龐大企業，而最被國人熟知的就是其強大的手機業務。自一九九六年以來，諾基亞的手機銷售連續十四年佔據市場分額第一。二〇〇三年，諾基亞一一〇〇在全球已累計銷售兩億台。二〇〇九年，諾基亞公司的手機發貨量約為四點三一八億部。在諾基亞公司最輝煌的時候，人人以拿一部諾基亞手機為榮。在那時，諾基亞的市值在最高時曾經達到了上千億，這不得不令人驚嘆。

自從賈伯斯推出蘋果iphone系列後，隨即引起了全世界的智慧手機狂潮。但諾基亞卻似乎不以為然，還在做它的功能機和自己的作業系統。很快，在新作業系統、新模樣智慧手機的衝擊下，諾基亞全球手機銷量第一的地位在二〇一一年第二季被蘋果和三星雙雙超越。其市場分額不斷往下掉，甚至還不如一些不起眼的公司。

有些慌了的諾基亞在二〇一一年只好和微軟達成了合作，共同研發Windows Phone作業系統。這在一定程度上緩解了諾基亞的頹勢，但是卻沒能阻擋得住越來越多的智慧手機開發商的衝擊。出現虧損的諾基亞只好在二〇一三年被微軟以七十二億美元收購其設備與服務部門，也就是它的手機業務，並獲得專利和品牌的授權。一個手機的傳奇帝國就這麼倒下了。

曾經做過井底之蛙，有過目光短淺的時候，這並不奇怪，也不可笑，因爲每個人都會有思維局限的時候。大家都是一點點地認知這個世界的，每個人都一樣。但是如果已經看到了一絲的危機或者機遇，卻還是固步自封、頑固不化，根本不願意跳出限制自己的那口井，這才是真正的可笑。很多人總是局限於自己重複走過的路，做同樣的事情，周而復始，而不願意接受外面更大的舞臺。而當有一天，當他們不得不走出去的時候，卻往往會發現自己已經無力在外面生存了。

7 看到浩瀚的宇宙，你就有了遠見

馬雲曾經在一次演講中說：「我們還以爲自己很牛，在自己的辦公室，在自己的同事、員工和家人面前——哇塞，覺得自己很厲害。但是再走遠一點看看呢，在世界上你微不足道。我是到了倫敦的格林威治天文臺才真正明白我是多麼的渺小的。那個宇宙是多麼的浩瀚，地球像粒塵土，根本找不到。地球都找不到，人更別說啦。你要想到這些問題，你就有了遠見。」

「石油大亨」洛克菲勒先生曾在給兒子的信中說過：「成功不是以一個人的身高、體重、學歷或家庭背景來衡量的，而是以他思想的『大小』來決定的。」這思想上的「大小」就是一個人的胸懷——他是否能看見浩瀚的宇宙，他是否能看見更遠的未來，他是否能容納得下這些。

只有見到了浩瀚的宇宙，你才會知道宇宙之大難以想像；你才會摒棄自己以前的小眾思想；你才會更有信心地去探索浩瀚無垠的宇宙，這就是遠見，也可以說是目標。不管是一家企業還是一個人，必須要有一個有遠見的目標。這個目標不是說那種徒有宏大、不切實際的目標。目標大，會讓你更好地看待問題，更能有積極奮進的決心，可以用更廣闊的視角來實現自己的目標。這也可以理解爲「真正的遠見」。有一句話叫「燕雀安知鴻鵠之志」，燕雀只想著每天在小樹間飛來飛去；而在天上翱翔的雄鷹，看見的則是更廣闊的天地，所以牠不會滿足於飛得低，牠會越飛越高，不斷超越。

馬雲說：「眼光就是一種遠見，但怎麼去理解遠見？我自己也在思考。很多人覺得一個優秀的領導者，是要看到未來美好的東西。但這是一種動態的平衡。你要看到美好的東西，是要在別人低落的時候看到美好的東西，在人們驕傲的時候你要看到災難的到來，所以要把握這個平衡的度。我覺得在不同的角度上，你比別人看得更遠、更寬、更長、更獨特，這才是最關鍵的。」

就像比爾・蓋茲小時候見到了一台電腦，在以後接觸的日子裏，電腦裏的一條條程式就深深吸引住了比爾・蓋茲。他在那個時候就有了夢想，他希望每個家庭的每張桌子上面都有一台個人電腦，而這些電腦裏面跑的是自己所編寫的軟體。在這一偉大夢想的催生下，微軟公司誕生了。試想一下，如果當初小比爾・蓋茲也如其他的美國孩子一樣打棒球、騎自行車，或者去速食店打工，並沒有見識到這個電腦的神奇世界，他還會夢想著人人都用他的個人電腦麼？

「看到了浩瀚的宇宙，你就有了遠見」，這句話也可以理解爲把自己看得非常渺小，這樣才能看到自己的不足，看到更多其他事物的發展。只有見到了比別人更多的東西，才能搶佔發展的先機。馬雲認爲，不要把自己定義得特別大，而是要自己看得特別大，比如企業的一步一步轉型、未來的發展方向，都要在你創辦企業之初就要想到，並且覺得自己的未來一定能達到某種程度。這樣不僅可以爲自己立下更廣闊的目標，還避免讓自己閉門造車，堵住了自己前進的道路。

這其實是馬雲的一種哲學——遠見哲學。他通過這樣的方式，讓阿里巴巴一開始就奔著「立足於世界」而去。如果不是這樣，阿里巴巴很可能會在國內經營得很好，然後被某個更大的公司收購，馬雲拿到一大筆錢後就回家養老。這樣的話，就沒有今天阿里巴巴的神話了。而這一切，都得益於馬雲自己的遠見哲學。

[第四章]

變革創新，顛覆傳統的制度和思想

1 創新是超越現有制度的發展

做生意最爲忌諱的是永遠跟在他人後面，亦步亦趨。凡是能夠引領創新的潮流者，才能夠在激烈的商場競爭中贏得先機，成爲市場最尖端的引領人。

行走商場的馬雲一直都非常重視創新。馬雲周圍的朋友對馬雲有這樣一個評價：「這個人如果三天沒有新主意，一定會難受得要死。」就連馬雲自己也都這麼說：「如果我失去了創造性的思維，那我這個人就一點價值也沒有了。」

二〇一三年七月，馬雲從阿里巴巴「退役」後不久，受香港《南華早報》邀請，在其專訪時指出，阿里巴巴涉足金融領域是因為電商發展注定需要金融支撐，而實際情況卻是中國的金融已很難支撐阿里巴巴向前發展。

馬雲表示，支付寶的成功是基於「中國特色」產生的。支付寶作為全世界獨有的第三方支付工具，最初是用來服務阿里巴巴平臺上的中小企業。伴隨著支付系統越來越強，可提供的服務範圍也逐步擴大。「我們不是因為要進入金融才進入，而是我們在發展電子商務的交易過程當中，一定要用到金融。原先的金融體系沒辦法支援我們，現有的金融體系很難支援創新行業的發展，所以，我們就自己創新一套金融。」

馬雲直言，中國並不缺銀行，也不缺任何金融機構，但需要創新的金融機制，去適應未來金融業的發展。關於創新，馬雲還認為，創新一定是在超越了現有制度下的發展，對各級政府的政策制度也是巨大的挑戰。但只要做的事情是對社會有益的，且按照開放、透明、公開的方式處理，及時跟政策部門溝通，是可行的。

競爭無處不在，競爭殘酷無情。日本企業界曾提出這樣一句口號：「做別人不做的事。」也就是說，創業、開店、做生意，要尋找冷門，獨闢蹊徑。馬雲也曾說過：「一個項目、一個想法如果不夠獨特的話，很難吸引別人。」

市場從來就不是一種「自然秩序」，而是一種制度環境。人們的需求增長，一般也都會快於滿足其所需要的物質財富與科學知識增長的市場環境。這就要求企業不僅要學會滿足市場發展中的這種「稀缺性」，更要學會去填補這種「稀缺」。

如今，在很多傳統的經濟體制桎梏下，很多企業由於缺乏壓力和動力，導致企業沒有生機和活力，以致在激烈的市場競爭中處於艱難之地。實際上，正是因爲沒有重視企業創新的根本。企業要想真的擺脫困境，成爲市場經濟的主體，那麼就必須推行變革。「創新」就是企業適應市場變化的根本所在。

今日蘋果在全球獲得的巨大成功，無一不是在顛覆著人們的觀念。然而這和賈伯斯一直奉行的特立獨行與堅持不斷創新的策略是分不開的。賈伯斯曾經說過，「如果你做了一些還不錯的事情，你應該繼續做一些更好的，而不要停留太久，要不停地想下一步」。

蘋果的成就主要就是來自於不斷地創新。當智慧手機剛剛嶄露頭角的時候，當諾基亞還霸佔著絕大多數手機市場分額的時候，蘋果依然憑藉iPhone——一種觸摸帶來的時尚元素，躋身智慧手機行列，並且獨創的APP Store模式更是帶來一種新的市場變革，讓一度佔據絕對發言權的電信業者不得不低下自己高傲的頭顱。

美國有媒體評論稱，賈伯斯和蘋果改變了世界「玩」的方式，將現有的創意變為主流的應用。蘋果創造的不僅是技術革新，還是文化革新。蘋果是「聰明代碼和極致美學的完美結合，是心理學、行為科學和哲學等各領域的前沿結晶」。

在高盛科技大會上，當有人問到蘋果是不是已經「江郎才盡」，不能與其他競爭對手競爭時，Tim Cook回應道：「蘋果的創新性從來沒有這麼強過，創新性深刻在蘋果的文化中。蘋果創新的大膽性、雄心和信念都沒有限制，公司有強烈的欲望開發最好的產品，這些都是公司的ＤＮＡ。」

企業現有的制度體系是先前制度創新活動的積澱，很容易在路徑鎖定的機制下發生固化。企業應該將目光多放在變動的市場規律上，在現有策略準則上不斷地進行推翻、嘗試，從而才能制定出一條新穎的、靈活的、有創造性的，能夠適應當前發展的路子。

在這個資訊氾濫、商店林立、充滿著競爭與挑戰的時代，所有創業者都會感覺到生存與發展的壓力。而愈在這時，就愈加需要創業者發揮自己的創新精神。正如馬雲一直所強調的，企業要想在市場中創造出新高地，那麼就必須把創新作爲目標與手段，這樣才能帶領公司上升到一個全新的高度。

2 創造機會，而非等待機會

「機不可失，時不再來」，人們常用這句話來強調抓住機遇的重要性。然而，機遇並不全是偶然的，它只偏愛有準備的頭腦。當企業看清市場變化，從中找到可以突破的創新格局時，就要立馬確定目標，抓牢機遇。

不論是初建阿里巴巴，還是離開阿里轉戰「物流」，自始至終馬雲都在想方設法爲自己創造商機。從馬雲的成功模式來看，他從來不會主動去等待機會的降臨，而是採取「山不過來，我便過去」的方式。可以說，馬雲的每一次成功都是他自己給自己創造的。

作爲「雲計畫」的首席導師，馬雲曾經在回覆「現在開網店真的遲了嗎？」這個問題時說過：第一，永遠不會遲，電子商務才剛剛開始。你現在覺得晚，五年以後會更晚。創業永遠不要等待別人的支持，而是靠自己的努力。第二，你覺得難，所有的人都覺得難。第三，開始的時候，當做遊戲一樣，當做有意思的事情做。要有樂趣，不要有壓力。

既然機會不來敲門，我們爲什麼不去試著敲開「機會」的大門呢？在如今這個速食經濟年代，什麼都講究要快，如果總是單純地想要「守株待兔」，那麼最終可能就是血本無歸。因此，企業一定要打破沉默，學會給自己創造機會。一般來講，企業要做好以下的思想準備：

第一，**要有先入為主的時間觀念**。

馬雲曾經說過：「做互聯網好像衝浪，機會稍縱即逝，不能夠等浪高了再衝，要隨浪而高，隨風而變。」其實，無論做哪個行業都是如此，如果沒有一種先入爲主的競爭激情，終究都會在競爭激烈的商戰中被淘汰出局。現代企業以市場需求爲核心，而市場又是瞬息萬變的。抓住機遇，爭取時間，就能因勢利導，化險爲夷，在競爭中取勝。

第二，**掌握當前精準的資訊情報**。

市場在變，企業對資訊的獲取也在隨時發生變化。企業必須以當前有關市場狀況的最新消息和情報爲標準，制定出目標市場正確的戰略選擇，從產品設計到產品售後服務，都要以資訊爲先導，以資訊爲依據。資訊是企業的耳目。要捕捉到市場機遇，就必須能掌握來自各方面的資訊，知己知彼，方能取勝。

第三，**擁有合理的效率觀念**。

市場機遇來得快，消失得也快。消費者的需求變化快，競爭對手的崛起也快，這就要求企業的資訊快、決策快、行銷快，歸根到底就是要求企業效率高，才能抓住市場機遇，掌握主動權。高效率，就能減少勞動的支出，降低成本，爲實施廉價策略創造條件。樹立起效率觀念，就能以快動作、低成本、高收益來捕捉到市場機遇。

第四，**樹立正確觀念和風險意識**。

要捕捉到市場機遇，就必須積極參與市場競爭，在市場上爭客戶、爭品質、爭效益。競爭的規律是市場經濟發展的必然規律和客觀要求。創業者必須以敢於承擔風險、善於避開風險、減少風險、分散消除風險、化風險爲機遇爲指導思想，才能夠勇於敢爲人先，領先別人。

在疾步而行的經濟市場，企業最容易犯下的錯誤便是坐以待斃。市場的靈活性要求企業也必須擁有靈活的應變態度。尤其是在超前創新，以及改變管理理念和思想這一塊，企業必須主動去尋求改變，主動去爲自己創造可以勝出的機會，否則只會遭遇淘汰的結局。

3 模式突破，尋找技術領域的「藍海」

產業技術的日新月異、行業融合步伐的不斷加快、資訊化新型市場的不斷湧現和國際競爭的日益激烈，使得各個行業都面臨著新一輪的挑戰。在如今這個分秒必爭的競爭環境中，企業想要永遠保持領先的關鍵，已經不再局限於企業是否擁有獨一無二的產品、與眾不同的服務、得天獨厚的地理位置或是龐大的企業規模，因爲這些因素很容易被複製、模仿。如果企業想要超越他人，那麼首先就必須尋找出技術領域的「藍海」，也就是對技術領域的未知空間進行開拓，這樣才能以「新穎」創造出更多可增值的價值空間。

二〇〇六年六月，以創新、和諧、轉型為主題的二〇〇六年浙商大會暨首屆浙商投資博覽會在浙江杭州舉行，馬雲在藍海戰略高峰論壇上做出了這樣一番演講。

馬雲說：「我認為藍海戰略是一個正確的戰略，不是說藍海戰略跟其他戰略是沒有什麼大的區別的，是正確的戰略，完美的實施，優秀的人才。這個藍海戰略，其是正確的戰略加上兩個字，沒有什麼新意。還有說是贏了就是『藍海』，輸了就是『紅海』。思科天下無對手，在這個領域打成這個樣子。還有一個是創新，明天我剛好要跟星巴克CEO和董事長講這個事情，是你走著走著就是『藍海』了？每個人創業的時候都有一個美好的前景，都成了『紅海』、『黑海』、『黃海』，贏者為『藍』、輸者為『紅』。今天所有的行業裏面就都是『紅海』、『黃海』，堅持打下去說不定就是一個『藍海』。」

俗話說得好，一家成功的企業，必然要有天才的領袖，該領袖必然要有敏銳的商業嗅覺，在「紅海」中找到「藍海」，並制定戰略。而馬雲的成功，正是源於他對商業的敏感。他從遍地的「紅海」中，嗅到了「藍海」的具體方位，並制定出有效的戰略，才得以取得今日的成功。

事實上，企業根據消費者需求來引導創造新的市場，那麼就等同於開闢了發展之路中的另一片天空。而當企業能夠創造出全新的戰略市場時，企業才能保持獲利性增長，在競爭中永遠都能夠占盡優勢。

畢竟，企業與對手針鋒相對地硬碰硬，最終只能陷入血腥的「紅海」中。即競爭激烈的已知市場空間，並與對手爭搶日益縮減的利潤額，這樣就將越來越難以創造未來的獲利性增長。如果換一種方式，從未知的領域去尋找技術的「藍海」，或許企業能夠不戰而勝。

二〇〇六年三月，連續召開五年的ＩＢＭ論壇如期在京舉行，整個論壇的主題緊緊鎖定在了「創新」這兩個字上。ＩＢＭ大中華地區董事長及首席執行總裁周偉焜先生在致辭中談到，世界的扁平化、資訊技術的日益更新，以及競爭的全球化，讓越來越多的企業認識到創新的重要價值。ＩＢＭ認為創新可分為六個層面：產品創新、服務創新、業務流程創新、業務模式創新、管理和文化的創新、政策和社會的創新。

與歷屆論壇一樣，此次「ＩＢＭ論壇二〇〇六」也邀請到了一位業界專家——世界趨勢研究專家、《藍海戰略》一書的作者、歐洲工商管理學院教授金博士。

金博士談道：「要贏得明天，企業不能單靠與對手競爭，而是要開創蘊含龐大需求的新市場空間，這種『價值創新』的戰略行動才能為企業和買方都創造出飛躍的價值，使企業徹底甩脫競爭對手，並將新的需求釋放出來。」

藍海戰略要求企業把視線從市場的供給一方移向需求一方，從關注並比超競爭對手的所作所爲轉向爲買方提供飛躍的價值。通過跨越現有競爭邊界看市場，以及將不同市場的買方價值元素篩選與重新排序，企業就有可能重建市場和產業邊界，開啓巨大的潛在需求，從而擺脫「紅海」。

當然，對一些已經根深蒂固的大企業來說，在「紅海」中既然有了足夠的資本，那麼就要適時地「亮劍」，畢竟逃避競爭，對大企業來說，將會是更大的「硬傷」所在，本質上還會產生慣性的「惰性」思維。對中小企業來說，與其在「你死我活」的「紅海」中身心疲憊，不妨設計出與競爭對手完全不同的、獨樹一幟的價值曲線，通過開闢無人競爭的「藍色海洋」，避開優勢對手的攻擊，無疑是最好的選擇。

4 變通，你永遠不會走投無路

在馬雲的世界裏，往往都有一種「劍走偏鋒」的變通執行精神。馬雲稱銀行不改變，我們就改變銀行；馬雲說，別人做高端，做大客戶，我偏偏做小企業，做中小企業；馬雲還說，忘掉Money，忘掉賺錢；大多互聯網公司都把總部設在北京，而馬雲偏偏把總部設在杭州；因爲沒有理想的支付體系和信用體系，馬雲和他的團隊創造性地發明了支付寶。

面對變化著的事物，如果我們固守過去的思想或者按照常規的思路，那麼很可能就會陷入死胡同裏僵死。當管理者的管理方式出現問題時，一定要學會「繞個彎」，嘗試改變思路，打破原有的思維定勢，反其道而行之，開闢新的境界，這樣才能找到新的出路。

二〇〇四年九月，阿里巴巴成立五周年，馬雲宣布了公司戰略從「Meet at Alibaba」全面跨越到「Work at Alibaba」。

這次轉型主要是向更專業化的方向調整。馬雲認為，到了二〇〇八年、二〇〇九年，電子商務必然有一個爆發。因此阿里巴巴必須搶在這個變化前先變，而不是等到出了問題後再去想法解決。這是阿里巴巴保持變革能力的關鍵。

馬雲說：「我們阿里巴巴在過去的七年裏和我本人近十年的創業經驗告訴我，懂得去瞭解變化、適應變化的人很容易成功，而真正的高手還在於製造變化，在變化來臨之前變化自己。」因此，馬雲給那些有志創業的人們提出了這樣的忠告：「面對各種無法控制的變化，真正的創業者必須懂得用主動和樂觀的心態去擁抱變化。當然變化往往是痛苦的，但機會卻往往在適應變化的痛苦中獲得。」

馬雲最值得創業者學習的，不僅是他的「闖勁」，更應該是他的「變通」。前期摸索，拜師學藝，借船出海，馬雲絕對不是爲了創業就把自己「置之死地」的野獸派創業者，相反，他是用最小的代價來做好創業前的準備，而後根據市場變化隨時做好計畫策略的變動。

任何企業經營的第一要務，就是根據市場的變化來改善與引進更新的行銷模式，甚至是經營方式。對企業管理者來說，如果你不去這樣做，你的競爭對手也會去這樣做。等到你的競爭對手都去這樣做的時候，也就是市場與消費者拋棄你的時候了。

曾經家喻戶曉的「百信鞋業」，依靠家族的凝聚力在全國連鎖鞋業中取得了驕人業績。然而，他們卻將曾經的成功經驗不斷地複製於往後的發展中。可想而知，在市場環境發生巨大變化的今天，依舊沿用過去模式，所受到的阻礙會有多大。然而「百信鞋業」依舊堅持過去固有的模式，爲此，在市場競爭中最終被淘汰。

企業管理者如若已經發現管理模式出現了問題，卻依舊不願意改變經營方向與模式，鑽進牛角尖，一味堅持與對抗，就如逆水行舟，不僅徒勞無功，最終只能被市場淘汰。因此，每一位管理者都要學會變通的本領，善於打破一切常規。

世界知名汽車製造商日產汽車公司，除了把汽車作為主業外，它還涉及宇宙航空、工業機械和船舶等領域。但是，誰能想到，這家日本第二大汽車製造商，在二十世紀九〇年代曾經陷入過嚴重虧損，甚至差點破產。

從一九九一年到一九九九年，當時的日產汽車連續八年失去市場分額，在全球的市場上，已從最初的百分之六點六降到不足百分之五。面對這種情況，當時的企業管理者一籌莫展，怎麼辦？面對瀕臨破產的絕境，最終日產的管理者不得不進行變革。公司決策者經過認真研究，決定接受雷諾，進行重組：雷諾出資四十九億美元，購得日產百分之三十六點八股份，成為日產的第一大股東。

接著，在「成本殺手」卡洛斯．戈恩的領導下，日產實施了一系列大刀闊斧的政革。首先，卡洛斯對日產的經營弊病做出了科學的診斷，然後從人事薪酬、責任承擔和組建團隊上進行了深入的調整；接著，又啓動了「增值計畫」和「一八〇計畫」，通過再造策略，使日產脱離了瀕臨破產的邊緣，起死回生。二〇〇一年度，日產公司綜合營業利潤達到三十九點二億美元，綜合稅後純利潤二十九點七億美元。

馬雲曾經講過，「市場變化的很重要原因是需求變化了」。他在講述這一問題時，舉例說，在他很小的時候，人們聽說哪一件衣服在北京城裏一天能賣出五千件，那大家就會爭相來買這件衣服，因爲這就是當時人們眼中的時尚觀；但是現在的人們則開始追求個性化，因此如果只有一件衣服，就算這件衣服的價格非常貴，也會有人買，但是如果你宣揚說這件衣服已經售出了五百件，那麼人們就會立刻對它失去興趣。

正所謂，「水利萬物而不爭」。水雖然是最柔弱的，但也是最頑強的，滴水可以穿石，遇到岩石，水也會改變方向，迂迴前進。馬雲正是一個會變通的人，他能夠始終貫徹並執行正確的方針，曉變通而不去找藉口，這使他的執行力更強大。

5 洞察需求，才能把握商機

在商場中行走的馬雲很顯然是務實的，他通過觀察網站，觀察生意的本質，然後披荆斬棘，打破一切陳舊規則，創造出屬於自己的商路。儘管馬雲本質上就是個商人，然而他卻深知商人的需求，他能洞穿，能放下，能看山還是山，這就是他的洞察力。

企業強烈渴望預見前景，制定出明智決策，以把握商機。但事實是，並非所有的企業都能輕鬆實現。企業除了對內部各個環節進行洞察之外，還要對外部市場進行勘察，這樣才能看清市場的真正動態，從而做出決策，完成整個計畫調整。

曾經做過馬雲的秘書，並且在阿里巴巴銷售、市場和行政部門做過許多職位的周嵐說，馬雲經常以杭州張生記的服務為例告訴他們，「你們做銷售的非常關鍵一點，就是眼睛不要盯著客戶口袋裏面的錢。如果你的眼睛只盯著客戶口袋裏的錢看的話，是不可能把客戶給服務好的。你可能也會賺他一時的錢，但是客戶終究有一天會逃走。」

「我們在決定一個業務是不是要做的時候，不是問『這個業務可以賺多少錢？這個業務競爭對手怎樣？』而是問『這個業務是給誰做的？客户到底需要不需要這個業務？』」支付寶副總裁邱昌恒透露，他們在梳理支付寶未來五到十年的業務的時候，在中間畫了一個圈代表消費者，在旁邊畫了一個圈代表商家。「我們要討論，『你到底給他們提供什麼樣的服務？』『我們是怎樣設計我們的服務的？』『我們到底能提供什麼樣的價值？』」他說，這是關鍵。「不是說這個帶來多少利潤，那只是結果，而不是出發點。我們要從客户利益出發」。

如果洞察力意味著更好的決策流程，那麼缺乏洞察力，則意味著企業各級決策者將不能做出最佳決策。企業決策者在做決策時無法清晰獲取相關資訊、資料或關鍵業績指標，很有可能導致企業陷入決策和實際行動不符的窘境，讓商機白白溜走。

在阿里巴巴Ｂ２Ｂ公司上市後三個月，其股價曾一度出現波動，從最高四十一點八〇港元一度跌到三點四六港元。很多人都在期待馬雲做出回應，其中既有投資者，也不乏幸災樂禍的競爭對手。有小股東在網上寫信，要求馬雲回購股票以提振股價。馬雲不爲所動。有段時間，衛哲忍不住說：「是不是採取點什麼措施？」馬雲說：「你再仔細考慮一下，你是做一年還是要做幾十年這家公司？」

有人說，你馬雲創業的時候環境和機會比我們好，你運氣好，所以你成功了，但我們沒機會了。其實，這不過是一個藉口。這世界到處都是機會，而我們缺的只是那雙能夠洞察市場發展規律的眼睛。著名的管理大師彼得・德魯克將創業者定義爲那些能夠「尋找變化，並積極反應，把變化當做機會充分利用起來的人」。的確，能夠發現獨特的創業機會是成功創業者所必須具備的一項特質，是他們成功創業的起點。在某種意義上，能夠發現獨特的創業機會，就意味著你的創業已經成功了一半。

ＩＤＣ公司曾經就「洞察力的重要性」做過一次調查。調查顯示，在任何行業中，「將最具競爭力的企業與最不具競爭力的企業相比，前者的員工受到洞察力的影響的比例是後者的兩倍」。而「最不具競爭力的企業將資料共用視爲喪失控制力的比例是同行業內最具競爭力企業的二點五倍」。由此不難發現，洞察力與企業自身的競爭力有關，而競爭力的強弱，將直接影響到企業能否把握機會。

實際上，世界上許多事物都隱含著一些決定未來的玄機，經商也是如此。在創業之時，如果能夠對市場走向保持一種靈敏的悟性，培養起一種靈動的觸覺，就能更好地分析市場，投入市場，最終贏得市場。

6 看市場的眼光要有突破性

一九九九年時，如果有人說「要買衣服或日常用品，可以足不出戶，即可送貨上門」，別人一定以爲這個人是瘋子。但馬雲卻執意堅持，不顧親人朋友的反對。毅然選擇做下去，終於取得了現在的成功。

馬雲曾經說過：「一個成功的創業者需要有三個因素：眼光、胸懷和實力。」毋庸置疑，馬雲看市場的眼光從來都是具有突破性的。他內心的不安分，讓他的目光總能夠比他人看得更遠。他就像希臘神話中的西西弗斯一樣，把石頭不停地往山上滾。而唯一不同的就是，西西弗斯滾動的是石塊，馬雲追逐的是自己的夢想。

歷經十四年的電商征戰，馬雲終於從阿里巴巴前線退下陣來。然而宣布辭職十八天後，馬雲又出現在了另一條起跑線上——物流。他的目的是要建立一條空間和時間上都有高覆蓋率，並且具有資源高利用率的全國物流網路。

截至二〇一三年五月底，「菜鳥」網路在全國已經拿下了近兩萬畝土地，且已經有很多地方政府表明了扶持意向。投資方面，「菜鳥」網路預計在五至八年時間內分三期投資三千億元，其中第一期一千億元。很多人對馬雲的這一決定產生過質疑，認為馬雲的這一專案是在圈地做地產。然而，不可否認的是，馬雲的這次決策實際上是他自己計畫中的又一次突破。因為透過互聯網對人們日後的影響，馬雲發現了物流在日後所形成的重要價值所在。這樣看來，「菜鳥」能否起飛，它撲翅加速的過程更令人期待。而馬雲做電商成功的前後，再到他退出和轉型，這一切都取決於他看市場的突破性眼光。

如果把企業比作一列正在高速行駛的火車，「戰略目標」是終點站，「戰略規劃」就好比是我們的動力齒輪。如果企業不能在「戰略規劃」上創新出更多的東西，那麼火車就會因爲齒輪老舊而減緩行進的速度。

有很多企業，一旦到了成熟期，企業規模變大，管理上的教條主義便很容易遮擋住富有突破性的眼光。當企業失去了原先的鋒芒時，往往就只會努力維持現狀。事實上，成熟期的企業制定戰略，既是企業長遠發展的必要，更能防止企業維持現狀、固步自封。如果企業一旦進入成熟期便「按兵不動」，縮減「目光」，那麼最終就只能僵死。

一位哲學家說過：「只要方向對頭，跨一步就夠了，足夠了。」成功的全部奧秘，在於跨出突破性的一步，緊接著就可以跨出第二步、第三步。制定戰略、決勝戰略，就是關鍵的第一步，而其中看待市場的突破性眼光，則是這一步中的重中之重。

馬雲曾經說過：「不能盲目作戰，要知道如何去進攻，從哪裡去突破，如何去訓練組織自己的隊伍。」二〇〇二年，馬雲爲了擴大自己的團隊，在「西子湖畔屯兵」，在那裏訓練人馬，訓練團隊，瞭解客戶，瞭解市場。這一年，阿里巴巴的員工達到了一千三百名。

只有不安分的人，總愛折騰點事兒出來的人，躍躍欲試、蠢蠢欲動的人，才能不斷突破自我，演繹出精彩紛呈的人生。而一個企業要想在同行競爭中演繹出自己的精彩，那麼就應當將看待市場的目光提升上去。

7 別人都不敢走的路，要敢走

馬雲說：「當今世界上，要做我做得到而別人做不到的事，或者做我做得比別人好的事情，我覺得太難了。因爲技術已經很透明了，你做得到，別人也不難做到。但是現在選擇別人不願意做、別人看不起的事，我覺得還是有戲的。這是我這麼多年來的一個經驗。大家都看好的時候，千萬別去惹，因爲別人比我有實力，比我能力大。」

成功者所走的路，幾乎是大多數人都不願意或者不敢去走的。然而，正是因爲他們擁有這種勇氣和這份堅定的心，才能在人煙稀疏的路上找到適合自己的生存法則，開闢出一片他人爲之羨慕的新天地。

剛剛從西雅圖回來，準備成立公司的時候，馬雲先是找了廿四位朋友到自己家裏面——他們大多都是馬雲在夜校教書時候認識的學生，其中還包括一個八十二歲的老太太。

馬雲跟他們說：「哎，我要做這麼個東西，Internet。」接著便給他們大講Internet的好處。

說實在的，馬雲對技術一竅不通，要講一個根本不懂的東西，就像癡人說夢一樣。馬雲講得糊塗，大家聽得也糊塗。朋友們都很吃驚：你好好的放著老師不當，去玩這個東西，腦袋是不是灌水了？當時這廿四個人裏面有廿三個人反對。他們說你幹什麼都行，開酒吧也行，要麼開個飯店，要麼辦個夜校，但這個肯定不行，幹了是要闖禍的。

只剩下一個人對馬雲說：「你要是真的想做的話，你倒是可以試試看，不行就趕緊逃回來。」

第二天早上，想了一個晚上的馬雲決定幹，「哪怕廿四個人全反對我也要幹」。於是，馬雲不得不天天出去跟人家講互聯網路的商業作用，說服他們同意掏錢並把企業的資料放在互聯網上。

馬雲在別人眼裏就是騙子，是精神病人，但他沒有動搖，他硬是將這個自己一竅不通的互聯網事業搞了下去，並做得風生水起。

行業的競爭是必不可少的。朝著同一目標前進，競爭的對手越多，競爭也就會越激烈，同樣，你獲取成功的機會就會少很多。然而，如果你能夠轉換一下目光，去選擇那些競爭者少，並且別人都不敢去做的事情，那麼你得到的機會就會越多。

事實上，企業是否能夠獲取最大利潤，關鍵看它能否適應市場發展的需要，在別人不敢涉足的領域勇猛闖蕩，開闢出一條新路來。當然，做別人不敢做的事，不是說企業「有勇無謀」，而是要經過嚴密的市場調查之後才能做出決定。

拉蒙·阿雷塞斯·羅德里格斯出生於一個貧苦的農民家庭，他十歲時跟著別人漂洋過海，到達古巴哈瓦那，邊當童工邊學習。一九三四年，他花了三萬杜羅（西班牙貨幣）在馬德里買下一家名叫「埃爾科爾特·因格萊斯」的縫衣店，開始了自己的經商生涯。

當時，這家小小的縫衣店只有四名員工，幾十平方米的鋪面。阿雷塞斯根據他在哈瓦那及紐約當商業夥計時學到的知識和經驗，將縫衣店進行了一番精心的改組。他摒棄了這家店單一經營的傳統思想，開始了多元化經營模式。他認為，經營零售批發業務必須要有「積少成多」的策略，善於從量的積累中迎來質的飛躍。據此，他首先將縫衣店改為成衣工業有限公司，不但自己承接裁縫衣服，還經營各種時裝及縫裁衣服的工具，繼而擴大到經營各類大小百貨。

隨著時間的推移，其經營範圍變得越來越廣，店內品種越來越齊全，最後這家店發展成為全國經營商品最多、最齊備的巨型商場。

如今，「埃爾科爾特·因格萊斯」是西班牙著名的百貨公司，年利潤超過一億美元。一九九〇年年初，其擁有的資產就已居歐洲第一位。

別人不願或不敢做的事情，必然隱藏著眾多的原因。做別人不願意做的事，必然需要勇氣。

很多時候，市場上湧動的危險之下往往可能就蘊藏著機遇，關鍵是看有沒有企業願意去嘗試。很多企業的管理者常常是飛來飛去、馬不停蹄地忙碌著，似乎都在爭分奪秒，但其中卻鮮有卓有成效者。這是因爲，快速——不僅僅表現在完成同等任務量上所花費時間的比拼，更重要的是，要出其不意，走別人不敢走的路。

一個優秀的企業，不僅僅要敢於去變，更要具備在複雜的環境下多變的競爭優勢，才能領先行業的革新，建立起一條專屬於自己的道路。

〔第五章〕

永不放棄，熬住了就能贏

1 走下去才會有運氣，放棄就沒有了

談到成功，馬雲的座右銘是「永不放棄」。他說：「短暫的激情是不值錢的，只有持久的激情才是賺錢的。」如今，馬雲在商界已獲得了很高的聲譽，他也成爲很多創業者頂禮膜拜的企業家。但是，請別忘記，馬雲的聲譽也是在他帶領阿里巴巴克服各種難以想像的困難後換來的。

在馬雲的眼中，管理者既然已經站在了自己的目標處，就必須一直堅持下去。暫時的失敗並不能代表永遠的失利；一時的成功並不能代表將來的成功。只有樹立遠大的理想，並在理想的道路上堅持下去，才能獲得最大的成功。

馬雲曾經說過：「今天很殘酷，明天更殘酷，後天很美好，但絕大部分人會死在明天晚上，所以每個人都不要放棄今天。」那些走在創業長征路上的人們，一定要謹記馬雲的這句話。不要讓希望在今天磨滅，要一直堅持下去，最後便會雲開見日。

很多時候，人的力量和耐力是需要精神來支撐的。只要心中的信念不死，就可以走出絕境，迎來光明。對目前正處於逆境之中的企業來說，只要還有可以扭轉的一絲契機存在，都要堅持到底。因爲運氣不會經常來敲門，但是只要你堅持，那麼就能夠等到運氣來敲門的一天。

二〇一〇年三月的日本大地震，讓日系汽車三巨頭紛紛陷入困境。特別是豐田，也在召回事件之後再次遭遇產能大幅下滑的影響。豐田落後了，豐田也意識到了。然而，在連續數年，歷經金融危機、大規模召回、日本地震、泰國洪災等一連串重大打擊後，豐田汽車仍然屹立不倒。大眾、通用的步步緊逼，更讓豐田加快了在中國的擴張步伐。二〇一一年，在中國政府及汽車企業都在進行電動車量產推廣計畫時，豐田依然堅持其全球領先的混合動力技術，並積極推進豐田環境技術在中國的國產化。

在廣州車展之後的二〇一一年東京車展上，豐田以「永不放棄」的激情演講引來無數觀眾；豐田展區內，碩大的紅底白字「REBORN（重生）」標語隨處可見。嚴肅的豐田不失夢想，「哆啦A夢這隻機器貓會使用出色的未來工具，把朋友從困境中拯救出來。我堅信，在我們產品製造的『現場』，一定有『哆啦A夢』存在」。

馬雲曾經在一次採訪時說過：「『贏在中國』中我就講過，懂不懂沒有關係的，要堅持自己的理想和想法。阿里巴巴和馬雲能夠走到現在，從來不是第一天就這樣的。我們犯的錯誤遠遠比取得的成績要多。這是一點一滴『倒楣』走到現在的，不是因爲我們真的聰明。」

的確，挫折人人都可能碰到，但更多的人是被挫折絆倒，再也爬不起來。只要你還有夢想，只要不斷努力，只要不斷學習，即便中途可能遇到非常多的挫折，但是你依然有機會達到成功的彼岸——儘管那個彼岸需要你用一生的時間去擺渡。

一次成功的背後往往是無數次失敗。當企業陷入困境後，即便中途成功未果，但是只要你永不洩氣並努力堅持走下去，那麼就一定能夠憑藉這股來勢洶洶的幹勁再次東山再起。

2 只有偏執狂才能成功

有人說成功的企業家多是「偏執狂」。英代爾的總裁格魯夫也曾經說過：「只有偏執狂才能生存。」似乎，在成功的企業家中，「偏執」二字更能體現其自信與勇氣。

縱觀馬雲的創業經歷，我們不難看出他體內所含有的那種「偏執」。然而，正是他這種「偏執」中所帶有的頑強和堅持不懈，才能讓他一路披荊斬棘，從而風風火火、無所畏懼地走向今天成功的頂峰。

二〇〇三年，全球電子商務巨頭eBay收購國內C2C老大易趣，實現了強強聯合，準備獨霸中國網拍市場。面對eBay這個全球電子商務的「巨無霸」，馬雲沒有退縮。二〇〇三年五月，馬雲做出了一個大膽的決定：進軍C2C，向eBay易趣挑戰。

一聽馬雲的這個想法，當時阿里巴巴的首席技術官吳炯嚇呆了：「Jack，你瘋了嗎？我在雅虎跟eBay交鋒了那麼多年，輸得口服心服，那是個非常可怕的巨人……」然而，馬雲沒被這個威脅嚇倒。二〇〇三年七月，阿里巴巴在上海、杭州、北京同時宣布：投資淘寶網，進軍C2C領域。

馬雲這個決定的確是夠「瘋狂」的，而且不是一般的「瘋狂」！後來，馬雲到美國華爾街做演講，此時淘寶已經開始上線經營幾個月了。馬雲講到淘寶的前景時，基金經理們的表情頓時「一百八十度大轉變」，甚至有位美國基金經理在當場給馬雲這場爭鬥下了「eBay will win（eBay將贏）」的結論後，憤然離去。

最後的結果，令吳炯，令這位相信「eBay will win」的美國基金經理大跌眼鏡：淘寶網在不到兩年的時間內佔領了中國C2C市場七成的分額，而那個號稱全球老大的「巨無霸」——eBay，選擇了止損出局。

在企業成長的過程中，有很多企業家歷經艱難險阻，積累了大量的知識和經驗，並在組織中享有崇高的威望，因此他們不但十分自信，而且也少有束縛。在他們身上，大多都擁有能夠讓企業渡過難關和抓住轉瞬即逝的市場機會所需要的勇氣和執著。這種執著便是成功「破曉」之前所要產生的質變。

企業管理者身上所擁有的這種「偏執」，對企業的未來來說，是利大於弊的。因爲企業成

長必然要經過一系列的磨合，然而要想挺過戰略拐點、擺脫「死亡之谷」的話，企業家的「偏執」，恰好就成爲了渡過這種磨難的重要法寶。

企業管理者通過大膽嘗試，堅持自己的觀念和看法，擺脫一系列他人的謠言慫恿，堅定目標，朝著自己的既定方向出發，就能夠使企業在這種一鼓作氣的戰略方式下一舉獲得成功。因爲大多時候，企業失敗的真正原因就在於企業內部戰略的不斷動搖。

馬雲曾說過這樣一句話：「只有你想不到的，沒有馬雲辦不到的。」其實，這裏暗含了馬雲性格裏瘋狂的一面。馬雲在「贏在中國」中曾經爲一位選手點評時說過：「你的性格不適合創業，你太儒雅。」馬雲的言外之意就是，一個人要想創業成功，不能太過儒雅，還必須有點執拗與瘋勁。

瘋狂的人具有不妥協、不放棄的精神。他們認定的事，都會執拗到底——不管對錯。在「不管對錯」的過程中，他們遮罩掉了「給自己找藉口」的風險，在這個過程中，他們堅持做下去的「風險係數」較低，或者說風險成本較低。所以，只要給予正確引導，「瘋狂的人」才更容易成功。

企業要想連續不斷地在激烈的競爭中獲利，那麼就應當打破舊規則，建立新規則；打破舊平衡，形成新平衡……在「偏執」中找準自己的道路，那麼就一定會不斷進步。

3 即便沒有好報，你也得幹下去

馬雲曾經說過：「不給夢想一個機會，你就永遠沒有機會。」「夢想」，這個詞對每個人來說都不陌生，但是卻不是每個人都能讓它開花結果。因爲在現實面前，有太多的人因爲周圍的一些主客觀原因而選擇中途放棄。

然而，在馬雲的眼中，有了夢想，就等於有了一個成功的機會。正是因爲他的堅持與專注，才能排擠開來自四面八方的非議與敵視，一路硬撐著，將自己的夢想從夢境中整個還原到現實。

二〇一三年對馬雲來說是一個顛覆年。從阿里巴巴「卸任」後，馬雲便馬不停蹄地開始著手幹起「自己」的事情來。當他向外界宣稱要辦為中小企業管理者成立的商學院時，便遭遇到了來自周圍眾多的質疑。

在一次採訪中，當主持人問及有關商學院的話題時，馬雲這樣回應道：

「我們主要是辦『中國企業家創業者大學』，正在構思之中，爭取這兩年辦起來。但是，弘揚正氣、做好人未必有好報，就算沒有好報，你也得幹下去。如果你為了好報，你一定會失望的。我自己覺得我失望的事挺多的。來的路上，上飛機之前，我們被罵得一塌糊塗，說我們賣假奶粉，在害孩子。我覺得這個賣假奶粉，比賣毒品還嚴重。不可能對自己的兒子說，你老爸我當年為了幾罐奶粉，還被關起來了。所以我覺得這個事很嚴重。我跟公司說，我們用天貓來解決這些母親、父親的問題，大家就覺得沒有那麼容易。以前我們被人家罵，我特鬱悶，因為我跟比爾・蓋茲問過，罵你的人那麼多，你真心真意希望為社會好，你可能因為壟斷等各種原因，你最後還是全心全意為大家好，你怎麼看？比爾・蓋茲說，我無所謂了。我們這些人被罵了以後，我們這些人是非正常人，抗擊打能力特別強。有人在罵你的時候，不一定是壞事，正是在不斷地提醒你。有人表揚你的時候，災難就來了。好人不要追求好報，只求自己的心態平和。我跟朋友這樣講，中軍也一樣，我們特在乎別人罵我們。」

相信很多人在面對夢想的時候，都曾經想過要去嘗試，但現實是殘酷的，我們就像在經歷大浪淘沙。在現實面前，很多人選擇退縮，於是就像沙子一樣被海浪淘去了。人的一生，說來也短，說來也長，關鍵是看你怎麼樣去把握。總是不敢去付出行動，不給夢想一個機會，又怎麼可能讓夢想開花呢？

馬雲在找尋夢想的路上是勇敢且執著的。在馬雲的眼中，夢想就是用來實現的，而不是想想而已。一旦有了好的想法，經過一番仔細思考之後，馬雲就會全心全力地投入到實踐中去，哪怕這個目標可能會面對來自周圍四方的質疑，他依然會迎難而上。

蘇格拉底說過：「世界上最快樂的事，莫過於爲理想而奮鬥。」一個人只有背負明天的希望，在每一個痛並快樂的日子裏，才能走得更加堅強；只有懷揣未來的夢想，在每一個平凡而不平淡的日子裏，才會笑得更加燦爛。

毛姆在小說《月亮和六便士》中描寫了一個追夢人：主人翁查理斯是一個成功的證券經紀人，他有一個令人羨慕的家庭，妻子溫和優雅、招人喜愛，還有兩個健康活潑的孩子。查理斯的前半生一直過得平淡而溫馨。

但是直到有一天，對藝術的追求讓查理斯離開了這個他曾經熟悉的家庭與城市——他要畫畫。於是在人們的不解與謾罵聲中，他離開了現實生活，進入了藝術之門。為了畫畫，查理斯去了巴黎，過上了窮困潦倒的生活；為了畫畫，他甚至捨棄文明生活，來到了南太平洋群島的塔希提島，與土著人一起生活。最終，他終於創作出許多藝術傑作。

有很多人都說，每個人最大的敵人就是自己，最大的困難則是自困。自己把自己困在自己的想法裏面，無法自拔，那才是真正的困難。把夢想捆綁在心中，而不去實現，就算再完美，始終也只是個念想罷了。

對一些正走在創業路上的人來說，只有堅持夢想，尊重殘酷的現實，正視來自周圍的一切褒貶，用盡全力向著一個目標奮力衝刺，這樣才能讓自己在追逐夢想的路上更加具有生命力，更容易存活。

4 保持樂觀，戰勝焦慮

作爲「楊瀾訪談錄」創辦十周年時派對的邀請嘉賓，馬雲在現場曾被要求回答過嘉賓這樣一個問題：「在你的經營理念中，哪一條最適合於婚姻？」當時馬雲毫不猶豫地這樣回答道：「樂觀和信任，因爲婚姻就像企業一樣，麻煩挺多的，不這樣麻煩會更多。」

在馬雲的前三十七年裏，他的人生裏面可能充斥著兩個字：「失敗。」然而三十七歲之後，他突然飛黃騰達了，秘訣只有四個字：「永不抱怨。」馬雲曾經說過：「人不是爲了驚天偉業而生的，人是爲了感受生活而生的，只有擺脫抱怨，才能擁抱生活。」

有人說馬雲的成功是因爲他善於抓住機遇。但是抓住了機遇，還要能夠堅持下去，才能夠成功。要能夠禁受住冬天的考驗，禁受住失敗的打擊，否則，就是有再好的機遇，也不會成功。馬雲從創業開始，一直以來所遭遇到的艱難與殘酷打擊不計其數，但是馬雲的心態是好的，面對前方的挫折，他始終以一副坦然之態來應對，用樂觀去戰勝焦慮，最終走向了成功。

在任何企業中，一個管理者都是企業的標兵。如果公司出現了一點問題，管理者便心態不穩，那麼這種情緒就會影響到下屬的情緒，從而讓整個公司都士氣不振。而且這種消極的態度只會有效地給組織內其他人進行呻吟的許可，讓整個團隊更加低落、頹唐，元氣大傷。

挫折或者壓力——每個人都會遇到，關鍵是如何去防止不良情緒的產生。如果隨意讓焦慮、不安等情緒任意發展下去，那麼最後只會將自己反鎖其中，從而鬱悶的程度會越來越厲害，衍生出新的煩惱。

通用汽車公司總CEO丹．艾克森是通用汽車製造巨人在聯邦政府監管下運營以來的第三位CEO。可是一上任，艾克森便發現公司過去的管理制度存在有很大的問題，而且他所面臨的是一個爛攤子。面對這種情景，埃克森決定全力解決該公司過去存在的問題。

當時聯邦所有權限制了通用汽車高管的薪酬，這大大影響了公司能夠招聘到頂尖的高層管理人的能力。這意味著通用公司在其股票價格上漲之前，政府不可能放鬆對通用汽車公司的控制，否則，美國的納稅人將會在緊急救助中蒙受損失。對政府的這種控制，艾克森感到非常煩惱，他甚至對《紐約時報》的比爾．維拉斯克說：「我努力不讓這件事情打擾我，但事實上這件事情確實令我困擾。」

通用汽車公司如何解決轉型問題是艾克森的工作，而且這也是他應該在公眾評論方面關注的重點問題。然而艾克森公然的這句「煩惱」一經傳出，卻讓通用公司的員工士氣大大下降。

作爲公司的管理者，不僅要對公司的所有員工負責，更要對自己的行爲負責。當面對逆境的時候，要承認挑戰，把注意力多放在你正在做什麼來解決目前的問題上，而不是抱怨與不知所措。

通常情況下，那些抱怨連連、焦慮不安的管理者，往往不僅得不到威信和自身的成長，而且其自身發展的格局也會隨之越來越小。因爲遇到問題，如果只是陷在焦慮的情緒中一籌莫展，不能冷靜地分析形勢、調整心態，就會讓情況變得愈加糟糕。往往那些身居高位的管理者都懂得：一個積極的想法，一個果斷的行動，都會讓下屬看到企業的希望。

所以無論怎樣，哪怕身陷絕境，作爲管理者，也永遠不要被壞情緒束縛。只有保持樂觀，戰勝焦慮，才能以坦然與淡定之氣度而勝人。

5 給自己挖墳墓才最了不起

「如果你沒有在創業路上摔一百個跟頭的準備，你不要創業；如果你沒有無數次被拒絕甚至被嘲諷的準備，你不要創業；如果你沒有做好『被全世界人拋棄』的準備，你不要創業。所以，創業路上，苦難是我們最好的朋友。」這是馬雲在歷經坎坷、備嘗失敗與艱辛困苦之後的真情總結。

每一個成功的企業背後一定都會有一位有膽識的管理者，他們不僅僅能夠用毅力去接受前方所有的苦難，而且還會接受來心靈上的一切打壓，他們的成功之道莫過於「在自己『營造』的苦難中打磨更強的意志力」。

二〇一三年，馬雲四十九歲，再有一年將步入國人常稱的「天命之年」。三十而立，四十不惑，天命之年做何？馬雲給出的答案是卸任之後來場更大的賭局。對此，馬雲以墳墓來比喻：「每個人都是別人挖的墳墓，但是如果學會給自己挖墳墓才最了不起。」

對馬雲這場賭局，感興趣者不少，而且多以馬雲二〇〇六年在杭州創辦的江南會成員浙江商幫為主。到目前為止，馬雲的這家新公司的註冊資金已經達到五十億元，而阿里旗下的浙江天貓技術有限公司出資廿一點五億元，持股比例百分之四十三，是第一大股東。

對自己「掘」的這個「墳墓」，馬雲坦然。與京東、易迅、蘇寧雲商自建物流不同的是，阿里走的是平臺化路線。馬雲希望未來物流公司在「菜鳥」平臺上如淘寶的一個賣家、「菜鳥」網路的一個玩家，如果口碑不好，就減少訂單，以此提高服務品質。

成功本身就是一種磨難，而最讓人敬佩的是，自己在設定目標的路途中「明知山有虎，偏向虎山行」的那股闖勁。許多企業有時候往往可以禁受任何災難困苦的煉獄，卻偏偏禁受不住自己所設定的「成功」磨難。誠然，一個人在剛剛受到某些打擊的時候，是會格外消沉的。在那個時候，你會覺得你簡直不想爬起來了，或者覺得自己已經完全沒有力氣爬起來了，然而這只是一個過渡期。

松下幸之助曾經說過：「逆境給人寶貴的磨煉機會。只有禁得起逆境考驗的人，才能算是真正的強者，尤其是在商戰中。」企業在向成功攀爬的途中，一定不要給自己多加限制，而要正視眼前可能遇到的困境。

而一個企業管理者，要想將手中的企業做大，那麼就要有敢於向困難發起挑戰的勇氣。哪怕你在自己設定的困境中遭遇了挫折，但是你要讓自己的心態更加的成熟，讓自己從中獲得更多的經驗，從而最終在經驗與教訓的磨煉中走向成功。

作為世界大型企業之一的松下電器，起初它並不是一帆風順地發展起來的，而是經過了多次失敗之後，憑著堅韌不拔、永不認輸的精神，才一步步發展到今天。

當初，松下幸之助在剛開始創辦松下電器時，正值電器行業開始發展的時候，他憑著直覺判斷和認真的分析，研究出了一款非常新穎，而且剛剛在家用電器市場上出現的電源插座。然而這款電源插座並不暢銷，他失敗了。但是，在失敗中，他也知道了創業的艱難。

一九二三年，松下又研製出了一種自行車電池燈。當時市場上的自行車電池燈只能用二至三個小時，而松下發明的卻能持續不斷地照明三十至五十小時。然而，不幸的是，由於過去電池燈的品質普遍低劣，批發商並不相信這種燈有可靠的品質保證，因此拒絕銷售松下公司的電池燈。對批發商的拒絕，松下幸之助只能再次憑藉自己一貫的韌性繼續拼搏。

松下幸之助認定這種燈會受歡迎，因此決定投入大量資金生產，並且生產了幾千個樣品燈，免費為客户安裝。因為這些燈的性能優越，而且消費者感到很新鮮，因此很快便成了市場上最炙手可熱的商品，松下幸之助成功了。

如今很多人看到的都是阿里巴巴光輝燦爛的一面，其實馬雲與他的團隊在創業的過程中，時時刻刻都面臨著巨大的挑戰和失敗。只不過，馬雲的堅持讓他很好地控制住了自己的心境，使他能隨時以最堅韌的心去迎接所有的磨難。

公司的管理者，如果沒有足夠的抗壓能力、抗失敗能力、承受各種挫折和委屈的能力，那麼斷然不會引領出成功的團隊。我們的人生之路，正如松下幸之助所言：人的一生，或多或少，總是難免有浮沉，不會永遠如旭日東昇，也不會永遠痛苦潦倒。

企業的發展需要有蒲葦一樣的韌性，這樣才能在風吹雨打來臨之前做好迎接它的準備。另外，企業管理者還應當時刻以率直、謙虛的態度爲基礎，永遠樂觀地向前，始終把面對失敗、克服困難當成迎接成功的最佳磨煉，那麼你必然會是下一個被成功點名的人。

6 激情冒險，挑戰「微信」

二〇一三年，對互聯網行業來說，是很特別而且很重要的一年。在這一年，「微信」早已突破了六億的用戶量，蓄勢待發地準備進軍移動電子商務；阿里集團強力打造「微淘」和「來往」兩大移動電子商務的入口。二〇一四年，注定是移動互聯網的第一個爆發年。

當大家埋首在手機上玩微信玩得正酣，馬雲也不甘示弱地走到台前力推阿里自家的即時通訊工具「來往」。其實「來往」已經面世兩年多，基本都是阿里員工自己在玩，其用户量少得可憐。為了增加客户，馬雲規定，每個阿里巴巴員工在十一月底前必須有外部用户一百個，無法達到的視同放棄紅包（年終獎勵）。強勢推出的效果顯著，阿里巴巴CEO陸兆禧表示，二十多日以來，「來往」的用户增長率約為百分之一百四十。

雖然騰訊的「微信」對此不屑，但其競爭的力度絕不會因此變弱。各家都在為自己的利益拼盡全力，通常情況下，競爭雙方的老闆肯定會撕破臉，或者不擇手段把對方絆倒。二〇一三年十一月六日，阿里巴巴董事局主席馬雲以及騰訊董事會主席兼CEO馬化騰共聚復旦大學召開的互聯網金融論壇暨眾安保險啓動儀式，終於面對面談起了「微信」和「來往」。馬雲表示，只有互相的挑戰，社會才會進步。如果移動互聯網只有一個「微信」，整個中國是不夠的。所以我們做一個「來往」，他們搞一個「微信」，只有這樣保持好奇心，保持對權威的挑戰，才有進步的可能。

聽過馬雲演講的人都知道，馬雲的演講非常有激情，他永遠都激情澎湃。我們不明白，他這麼大歲數了，為什麼還這麼有活力？應該說，是馬雲把激情當成了一種創新力。馬雲說：「年輕人都有激情，但年輕人的激情來得快，去得更快，持續不斷的激情才是真正值錢的激情。你可以失去一個專案，丟掉一個客戶，但你不能失去做人的追求。這就是激情。失敗了再來，這就是激情。」馬雲就是一個激情四射的創業者，是一個偉大理想的佈道者，是一個輝煌夢想的鼓吹者。

馬雲用活生生的事實證明了一個道理：只要我們擁有夢想、激情和不斷努力，就有可能到達成功的彼岸。

比爾・蓋茲曾經說過，「我們公司的核心文化就是激情文化。員工必須要有激情，才能全身心地投入到工作中去，而技巧是可以培養出來的……」微軟公司的創辦，正是源自於比爾・蓋茲的「不做就一輩子都不會甘心」的創業激情。爲此比爾・蓋茲放棄了學業，全身心地投入到了軟體創業的理想中，最終成就了大名鼎鼎的微軟公司。

創業是一件非常困難的事情，需要考慮很多事情，也需要懂得很多事情，更艱難的是，創業很可能會非常久，不會在短時間內看到成功的希望。青年未必能夠創業，但是敢於用激情創業的創業者是永遠年輕的。

「心有多大，舞臺就有多大」，只要創業者有激情，就永遠年輕，就永遠和年輕人一樣擁有良好的點子，能接受新的事物。那些有激情的企業家，無論其年齡多大，總會給人帶來耳目一新的感覺。正如馬雲所說：「激情就是一種創造力。」有了激情才敢於冒險，才敢於做別人不敢做的事。不墨守成規，這才是一個企業家應該具有的品質。而充滿激情，就是最重要的一環。

[第六章]

腳踏實地，做最務實的理想主義者

1 「不腳踏實地，什麼都是浮雲」

在二〇一〇年中，那些看似網商管理者、網店經營者的人都在做著一個又一個艱難的決定，但結果大多都變成了有頭無尾的鬧劇。二〇一〇年歲末，中國電子商務「教父」馬雲終於站了出來總結：「不腳踏實地，什麼都是浮雲！」

一個優秀的企業，只有具備求真務實的工作作風，才能使這個企業從真正意義上獲得成功和永遠立於不敗之地。因爲求真務實的作風往往會讓這個企業有生機也有活力，而且一步一個腳印才能聚沙成塔。

二〇一二年，馬雲出現在北京對外經貿大學的圖書館報告廳裏，與來自全國各地的大學生和青年網友熱烈交流，分享創業心得。在談到創業的話題時，曾被媒體戲稱為「狂人」的馬雲，這一次更多地是教會八〇後的年輕人要踏踏實實。

在與觀眾的交流中，馬雲說道：「創業不是空想，假如你不去把這事情變成現實，那麼什麼都是浮雲。真正的榜樣一定在你四周。假如你剛開始開小飯館，你的榜樣應該是你斜對面那個小飯館，它為什麼門口排那麼多隊，而我們店裏的服務員比客戶多？它是你的

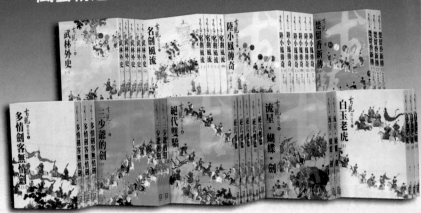

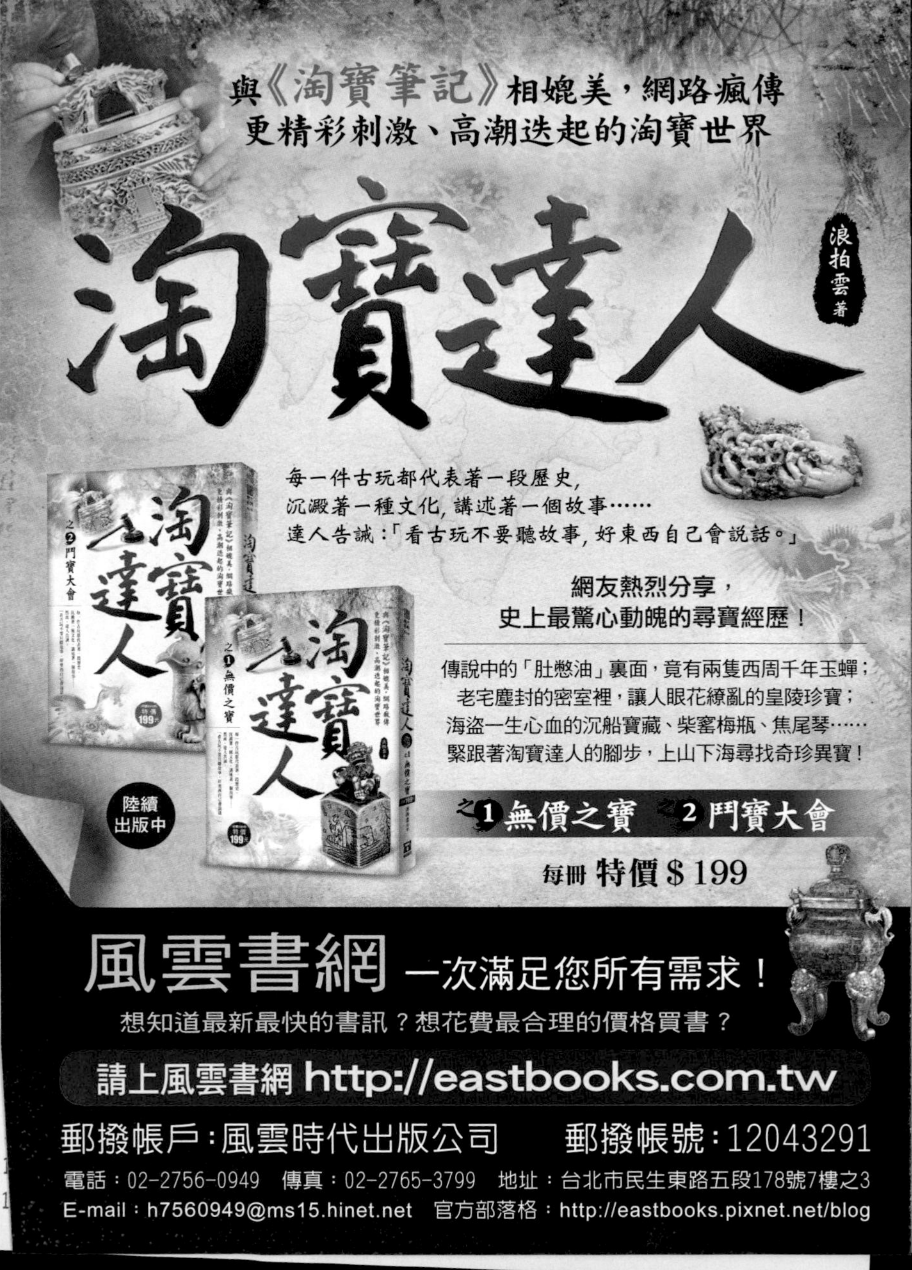
與《淘寶筆記》相媲美，網路瘋傳
更精彩刺激、高潮迭起的淘寶世界
淘寶達人
浪拍雲 著
每一件古玩都代表著一段歷史，
沉澱著一種文化，講述著一個故事……
達人告誡：「看古玩不要聽故事，好東西自己會說話。」
網友熱烈分享，
史上最驚心動魄的尋寶經歷！
傳說中的「肚懋油」裏面，竟有兩隻西周千年玉蟬；
老宅塵封的密室裡，讓人眼花繚亂的皇陵珍寶；
海盜一生心血的沉船寶藏、柴窰梅瓶、焦尾琴……
緊跟著淘寶達人的腳步，上山下海尋找奇珍異寶！
陸續出版中
之1 無價之寶　之2 鬥寶大會
每冊 特價 $ 199
風雲書網 一次滿足您所有需求！
想知道最新最快的書訊？想花費最合理的價格買書？
請上風雲書網 http://eastbooks.com.tw
郵撥帳戶：風雲時代出版公司　郵撥帳號：12043291
電話：02-2756-0949　傳真：02-2765-3799　地址：台北市民生東路五段178號7樓之3
E-mail：h7560949@ms15.hinet.net　官方部落格：http://eastbooks.pixnet.net/blog

榜樣。我們既要有像兔子一樣的速度，也要有像烏龜一樣的耐力。假如你願意從今天開始改變自己，一點一滴去做，那就不是浮雲。你貫徹始終，為未來而創業，不是為今天而創業，可能你會心情平淡，做事就利便多了。」

一個企業要想在激烈的競爭中佔據優勢，就必須依據市場所提供的資訊做出科學的決策。決策如何才能科學呢？這就要看資訊是否及時、準確、有效，而這一切的根本要求，就是企業必須腳踏實地去做好調查研究。

當前，市場經濟改革的深化和開放的擴大使企業面臨越來越激烈的市場競爭。能否腳踏實地、堅持務實，成爲了企業在激烈的競爭中做大做強的一個重要因素。務實，體現了企業專一進取的精神，能夠弘揚企業內部正氣，幫助企業提高整體競爭力。

企業的未來要求企業的腳步要更加穩妥，同時也要求企業的眼光能夠聚集在一處。正所謂水滴石穿，只要企業能夠有這種堅定的信念存在，那麼企業一定能夠在自己踏實的步子中擊敗前方所有阻礙。

二〇一〇年十月，在深圳舉行的創業板專委會成立儀式上，阿里巴巴董事局主席馬雲發表了致辭。馬雲將創業板與美國納斯達克進行對比後指出，正如納斯達克歷經三十餘年才打造出蘋果、微軟等市值龐大、實力雄厚的全球巨頭一樣，誕生剛剛一周年的創業板，也將成為未來的「造星」搖籃。

馬雲說：「在美國，有一個很著名的人問我說，你認為中國經濟是不是在創新能力上會超過美國，中國一定會打敗美國的創新機制？我說，在中國龐大的市場驅動下，一定會誕生很多的技術創新，但是中國整體的創新能力要超過美國，需要很長的時間。

「創新是一種文化，而一種文化的培養，是幾十年，甚至是幾代人的努力，我們還得腳踏實地。再偉大的公司也必須有一顆平凡的心，所有的偉大都只有平凡的、重複的、單調的、實實在在的、腳踏實地的努力才有可能做到。」

對一些沒有強大資金實力的中小型企業來說，沒有清晰的管理模式，如果想要生存下去，那麼首先就要確定自己獨特的盈利模式。要注意的是，在考慮初期的盈利模式時，不要想得太高，一定要做到短期之內就能盈利。對大部分中小企業來說，生存還是主要課題，這時候就要踏踏實實賺錢，保證自己的現金流順暢。只有生存下去才可能產生創新。

企業理想，並不是一種高高在上的理念，而是實實在在的言出必行，以及行動中所滲透出來的點點滴滴的細節。要想適應市場，與時俱進，那麼就一定要踏踏實實地走好自己的每一步，重視好企業每一步的細節發展。

正如馬雲曾經對所有渴望成功的人提出的忠告：「創業注定充滿艱辛，其過程重複而單調，但同時也是通往成功的必經之路。要保持一顆平常心，學會變通，減少抱怨，同時懂得取捨，這種腳踏實地的努力終將帶來回報。」

2 小公司的戰略就是兩個詞：活下來、賺錢

企業行走市場的初衷便是：「盈利」。畢竟，企業不賺錢，一切都是空談。然而，商場是一個比戰場還要殘酷的地方。戰場上你投降了，也許可免一死，但是在商場上，不能打贏，就只有死路一條。

那麼對剛起步的小公司來說，什麼樣的戰略才是最值得自己發展的呢？用馬雲的一句話來總結就是，「活下來，賺錢」。作為創業者，面對強大的對手，當務之急是怎麼才能生存下去，因為只有活下來，才能有機會和精力去完成自己的偉大目標。

在某期「贏在中國」中，作為點評師的馬雲與在場的一位中小企業的創始人有過這樣一段對話。

馬雲：「你講性格決定命運，戰略決定格局，也講了戰略格局，你能用半分鐘時間解

釋一下你公司的戰略嗎？」

嘉賓：「我公司的戰略，首先是我的目標，我是中產階級生活理財的第一忠實夥伴，這是我們的使命。而我相信我們有著優秀的團隊和終端運營系統，我們的兩大殺手鐧是終端營運系統和高度創新行銷服務體系，如果講這個戰略，涉及到商業秘密，因為在這個行業中還有兩個競爭對手，我能不能這樣解釋，我只能打敗他們，可以嗎？」

馬雲：「小公司的戰略是幾個字：活下來，賺錢。但是我覺得打敗對手絕對不是戰略。你講戰略的時候，你要很清晰地說，我想做什麼，我該做什麼，怎麼做，我對手的情況怎麼樣。你要能夠半分鐘把它講清楚，你只要講得很清楚，投資者知道你幹什麼，這就可以了。你剛才講了幾點，你的目標，你的對手，但是我覺得想提醒的就是對手不是戰略，不要因為對手去制定戰略。」

近年來，參與創業的人越來越多，但是，在這些創業者中，半途夭折的也越來越多。尤其是在一些中小企業中，這種現象更是頻頻發生。據統計，日本九成以上新成立的企業都是在三年以內消亡的。這個數字甚至可以映射到所有的經濟發達國家。因此，馬雲忠告那些創業者：「活下來」才是首要任務。

作爲一個企業，能夠賺錢、擴大規模是目的，但是，如果你是剛剛成立的小公司，往往是要經歷一段艱難的生存鬥爭的。很多創業者，剛剛創辦起公司的時候，就希望它能夠賺錢，一旦沒有預期的那麼好，便失去信心；還有些創業者，更是急功近利，公司還沒完全站穩腳，就妄想著擴大規模，一夜暴富，最後往往不能達到預期的結果，反而栽了大跟頭。

的確，沒有人能夠一口吃成個胖子。作爲企業，也是一樣。馬雲曾經苦心教導後來人：做企業，首先要有吃苦二十年的心理準備；其次，就是一定要腳踏實地，一步一個腳印；把企業的基礎打好；然後再想著去擴大規模，賺錢。其實，當你把企業的基礎做得扎扎實實，即使你不想著去賺錢，錢也會主動找上門來。

Webvan.com的創始人科佩・霍爾茨曼（Coppy Holzman）從他九〇年代末經營的雜貨店中迅速崛起，爾後又從迅速破產中學到了很多教訓。

霍爾茨曼說，他的合夥人說服他，他們可以迅速將規模擴大，可以將沃爾瑪和聯邦快遞相結合。他表示，「同時進攻太多的市場是我們失敗的根本原因」。吸取教訓以後，霍爾茨曼對他的新產業高檔網上慈善拍賣網站所採取的策略，是保持慢速穩步增長。他表示：「讓我們的核心業務能夠百分之百地滿足客户是我們優先考慮的問題，這比征服整個市場更重要。」

當然，企業如果總是在原地踏步，顯然也不行。畢竟，不賺錢的企業是無法實現其在市場上存在的價值意義的。當企業有了活下來的資本之後，接下來就要以賺錢爲目標了。儘管不能「好好活」，也就不可能「做有意義的事」，但是能夠「好好活」時，就一定要實現自己的價值意義。

對中小企業來說，當你踏上競爭市場這條路時，就一定要明確自己的戰略目標，並且要有能力活下去，這樣才能更快地提升自己的實力，讓自己的信念、夢想成真。好好活，好好掙錢，這就是創業者最大的生存智慧。

3 生存下來的第一個想法是做好，而不是做大

馬雲曾經告誡創業者：「一個優秀的創業項目是做好，而不是做大，更需要注重項目細節的可執行性。」很多創業者因爲對內心宏偉藍圖過於篤定，才剛剛起家，心中就裝著全世界的輝煌，慢慢地在這種臆想中失去了務實的精神。

心中有偉大的夢想自然不是壞事，但是，對中小企業，尤其是剛剛敲開市場大門的「初學者」來說，要想生存下來，第一個想法應是怎樣將自己的企業做好，而不是做大。如果只是一味地好高騖遠，那麼就必然會從成功的雲梯上狠狠摔下。

二〇一一年，馬雲在自己的雲鋒基金會議上發表了一番感言，在談到如何去做企業時，馬雲說道：「前幾年我講那個歐巴馬說，『是的，我可以』，但是美國經濟並沒有做起來，因為他忘了回答，我們到底怎麼做起來。要知道怎麼做這個企業，如何做是最關鍵的。今天很多人看到的是今天成功的史玉柱，今天成功的虞鋒，今天成功的沈國軍，但是我希望大家看到十年前的沈國軍，倒下去的史玉柱，曾經的虞鋒，他們當時都做了哪些決定和想法。今天的我們不值得大家學習。而我們前面十年走過艱難的過程，犯過錯誤，在這個過程中，需要所有人反思、學習和思考。」

「我不覺得今天的阿里巴巴是今天做成的，那是十年以前的理想，十年的努力才做到今天這樣。我們今天不是做今天的企業，做企業要為十年以後做的，你對十年以後中國經濟的判斷，世界經濟的判斷，這個行業的判斷，今天開始按照這個方向，不斷地改變自己去適應它。」

十年前的阿里巴巴還是一個青澀的小夥子，那個時候他沒有多大的想法，而是一直努力爲自己贏得在市場上的位置，思考如何才能讓自己活下去，從而做得更好。那個時候的馬雲也沒有想過今天的阿里巴巴會如何發展，會如何擴大，而是一直想著該如何做才能讓阿里巴巴贏得更多的掌聲。

馬雲一直認爲，創辦一個企業就像是養一個孩子，不能指望他一生下來就去掙錢、養家糊口。你只有不斷地給予他成長中所需的營養和知識，讓這個孩子能夠茁壯地成長，那麼他長大後賺錢是早晚的事情。

企業絕不能產生「一口吃成一個胖子」的想法。當企業在市場上取得一席之地時，首先思考的是如何才能讓自己得到更多人的認可。要知道，企業的壯大絕對離不開顧客的支持。企業的目光應當放在如何贏得客戶上，而非盯在如何才能賺更多的錢上。

在我們身邊，有很多創業者，他們的失敗不是因爲他們沒有經驗，缺少資金……他們中很大一部分人是栽在眼高手低上。對此，馬雲給創業者的建議是，首先要專注。專注就是有所不爲才能有所爲，這點非常重要。如百度、Google，都是非常專注做一件事的典範。它們並沒有盲目地擴張，或者一開始就想著如何做大，而都是等到積累了一定的經驗之後才開始橫向擴展。

企業在發展過程中的原始積累是最爲重要的，這是企業的根基，也是企業日後得以發展的最爲牢靠的基礎。如果在還沒有對市場有一定瞭解，並且還沒有對本行業的規劃做出一個深刻的認識時就盲目做大，最終吃虧的只是企業。因此，每一個企業都應當從最基本的做起，將之做好、做穩後，才能最終做大。

4 戰略不能落實到結果和目標上面，都是空話

馬雲曾經說過：「做任何事情，首先要做正確的事，然後是正確地做事，還是要有結果的。所以我們覺得要做正確的事，首先要有一個正確的戰略，方向要搞清楚，然後就是還原現實。」

馬雲是那種一有想法就馬上行動的人。阿里巴巴創立之初，馬雲有一句口頭禪：「你們立刻、現在、馬上去做！」立刻！現在！馬上！由此可以看出，馬雲之所以成功，固然在於他有一個天才的頭腦，在於他有個恢弘的遠大理想，但更在於他能很快把頭腦中剛形成的東西落實出來，執行出來，做出來。

戰略目標是企業行走市場所必須要弄清楚的策略步驟，然而當企業內部已經把戰略目標規劃完後，一定要想著如何去實施和執行，否則即便戰略目標再好，也無法給企業帶來任何實際好處，最終百忙一場。

對很多企業來講，集團化程度還不高，管理水準顯得落後，很容易造成企業的戰略目標層層分解落實到每個下屬部門、班組和崗位，十分難於操作。然而，如果企業能夠將戰略目標先分解為年度的主要生產經營目標，從細節入手，慢慢地將計畫滲透，一步一步去實現，那麼是能夠將績效指標落實到公司各個崗位的。

所謂「機不可失，時不再來」，這是任何人都明白的道理。機會往往稍縱即逝，猶如曇花一現，如果當時不善加利用，錯過好運之後就會追悔莫及。成功學創始人拿破崙・希爾說過：「生活如同一盤棋，你的對手是時間，假如你行動前猶豫不決，或拖延行動，你將因時間過長而痛失這盤棋，你的對手是不允許你猶豫不決的！」

有一次，李嘉誠在翻閱英文版《塑膠》雜誌時看到一則報導：義大利有家公司已經開發利用塑膠原料製成塑膠花，並將進行大量生產，向歐美市場進行大規模進發。這時，敏銳的李嘉誠推想，歐美的家庭都喜歡在室內、户外裝飾花卉，但是快節奏的生活使人們沒有時間去種植嬌貴的花草，而塑膠花則不同，它不需要人們花時間去看護它，從而可以彌補自然花的不足，這裏面應當存在很大的商機。而且，李嘉誠更長遠地看到，歐美人天性崇尚自然，塑膠花的前景不會太長。因此，要佔領這個市場，就必須迅速行動，否則就會貽誤商機。

商場上面臨著諸多不確定性因素，正是這些不確定性因素，才使許多創業的人們獲取了大量的財富。於是，李嘉誠以最快的速度從義大利引進了設備，並花重金聘請了塑膠花專業人員，大力開發塑膠花。由於動手早，李嘉誠抓住了「人無我有」獨家推出塑膠花的機會，並運用低價策略，迅速佔領了香港的塑膠花市場，從而使企業得以迅速發展。

很多著名品牌的產生和跨國公司的崛起，最初往往都是源於一個微不足道的想法，以及敢想之人的敢爲之舉。因爲那些企業者敢想他人之不敢想，敢做他人之不能做，才能真正把夢想還原到現實，一路走到今天。

戰略計畫在企業中不是空話和套話，有時候，一個十分重要的戰略計畫可能直接關係到企業的生死存亡問題。如果企業總是在不停地提計畫，而從不去實施，那麼就如同紙上談兵，當市場機遇真正來臨時，企業可能就會與之擦肩而過。

世上也沒有任何事情比下決心、立即行動更爲重要，更有效果了。因爲人的一生，可以有所作爲的時機只有一次，那就是現在。「立即行動」，是一種積極的人生觀念，是自我激勵的警句，是自我發動的信號，可以影響你的生活，乃至決定你的成敗。正如馬雲所說的：「想永遠快人一步？那麼馬上行動。」

5 高瞻遠矚還要腳踏實地（讓風險投資找網站）

馬雲給外界更多的印象似乎是「瘋子」、「狂人」，但他的確是個「瘋狂而不愚蠢」的創業家。在互聯網「發燒」的年代，他難得地保持了一顆平常心，並將創業、經營一個企業看做一場三千米的長跑——不僅要跑得快，更要跑得穩。

對一些剛剛建立的小企業來說，對自己定一些高目標並不是什麼壞事。但是，在擁有高瞻遠矚的眼光的同時，是不是還要學會腳踏實地一些呢？馬雲曾經告誡道：「一個優秀的創業項目是做好，而不是做大，更需要注重項目細節的可執行性。」

馬雲手下的阿里巴巴最大的特點，是從來不走其他網路公司的老路：找錢——招人——做事，而是獨闢蹊徑：招人——做事——找錢。人家是網站找風險投資，馬雲卻讓風險投資找網站。他先是精心做品牌，不談投資；然後又對風險投資百般挑剔，先後拒絕了三十七家上門的投資商，才最終接受了高盛的第一筆風險投資。

馬雲說：「我一直認為，不管做任何事，都不能有功利心。做事不能功利性太強。我沒有什麼功利心，我只是想證明，我們這代人通過努力是可以做一件偉大的事情的。說歸說，做還得腳踏實地，最後證明你不是狂人。七八年前大家覺得你狂，你做出來了，就不會有人說了。我不過比別人早做了三年而已。阿里巴巴融資是為做一番事業。要找風險投資的時候，必須跟風險投資共擔風險，這樣你獲得投資的可能性才會更大。」

然而，就在馬雲接受高盛為首的投資集團五百萬美元的投資到位的第二天，便受到邀請飛赴北京去赴約一位所謂的「神秘人物」。見面才知，那人是ＩＴ財團大亨、雅虎最大的股東孫正義！馬雲在向孫正義談阿里巴巴的情況時，只說了六分鐘，就得到孫正義的青睞。當時，軟銀每年會收到超過七百家公司的投資申請，而他們只能選擇其中的七十家公司進行投資，而孫正義本人，也只會與其中一家最有潛力的公司親自談判。這次，孫正義選擇了馬雲。孫正義決定投資給阿里巴巴，他的理由是：「我堅信，一切成功都是緣於一個夢想和毫無根據的自信！」

企業管理者具有高瞻遠矚的眼光是好事，然而在我們身邊，有很多管理者，他們的失敗，不是因爲他們缺乏思想，缺少經驗……他們之所以失敗，有很大一部分原因就在於他們缺乏行動，從而讓自己的目標變成了「昨日黃花」。

一個好的目標，往往只是成功前一個好的開頭方式。憑空想像並不值錢。如果要想真正讓你的想法值錢，那麼就一定要將這種想法與行動結合起來。譬如，在一個企業中，可能同樣的想法被兩個管理者都想到了，但是誰的執行力更強，誰先邁出第一步，誰就更容易成功。

《哈佛商業評論》中文版曾經發表了這樣一篇文章——《做企業要「眼高手低」》，作者是阿里巴巴集團的「總參謀長」曾鳴。此「眼高手低」並非日常理解的「好高騖遠」之意。曾鳴認為，「眼高」就是高瞻遠矚、看到未來，有一張戰略地圖；「手低」就是動手的時候一定要腳踏實地、實事求是，要有非常好的切入點，才能夠把戰略地圖拼出來。

任何一個企業，其眼光不光要投放在企業的可持續發展戰略上來審視企業的發展方向，還要將這種遠大目標策略與具體步驟相結合，這樣才能讓思想與行動融為一體，從而創造出更好的價值，也讓好的思想得以在企業中真正體現出其價值所在。

6 做事不要貪多，做精做透很重要

每個人在創業之初，面對各種誘惑，往往會顯現得有些不知所措。儘管在當今瞬息萬變的市場環境中，機會的把握與抉擇顯得尤其重要。然而真正優秀的企業家都是戰略家，他們在面對各種機會與誘惑前，往往都懂得有所為，有所不為。

馬雲曾經說過：「不要貪多，做精做透很重要。碰到一個強大的對手或者榜樣的時候，你應該做的不是去挑戰他，而是去彌補他。」機會是常有的，然而，如果想要一把抓，最終可能會丟掉一切。

馬雲曾打過這樣一個比方：「看見十隻兔子，你到底抓哪一隻？有些人一會兒抓這隻兔子，一會兒抓那隻兔子，最後可能一隻也抓不住。CEO的主要任務不是尋找機會，而是對機會說NO。機會太多，只能抓一個。我只能抓一隻兔子，抓多了，什麼都會丟掉。」

每個人在創業之初的時候，首先要做的並不是要把事業做得多大，而是應該抓準事業的一個點做深、做透，這樣才能積累所有的資源。即便是一些已經成熟的大公司，他們在走多元化路線的時候，也不見得就一定會成功，而一家新生的小公司，如果到處去鋪攤子的話，那也只會無謂地消耗有限的資源，加速自己的滅亡。

馬雲在創立阿里巴巴的時候，遇到過很多賺錢的機會，但是他都放棄了，因爲他很清楚自己的最終目標是什麼，所以他才能帶領阿里巴巴取得今天的成就。

馬雲曾經說過：「我覺得一個企業最重要的是耐得住寂寞，擋得住誘惑。我們第一天集中在B2B，今天還是如此。不管外面的潮流怎麼變，我們學習，但是不跟隨、不拷貝。後來出現了各種概念，阿里巴巴也面臨著很大的壓力，也有很多其他的機會。在這一年半的時間內，我們面對機會，斬釘截鐵地說了無數次的『NO』。我們朝著既定的方嚮往前走，不管外面怎麼變化，我們還是不受干擾，走自己的路，用心去做。」

的確，市場中的行業千千萬，機會更是不止一個。僅僅互聯網行業，就存在眾多模式，而且新模式層出不窮，新機會也是數不勝數。企業要學會取捨，放棄一些才能得到另一些，如果一味貪多，往往會「嚼不爛」。在談及一個天才成功者的時候，管理學大師彼得•德魯克就曾說過：「他並不是天才，只不過把畢生的精力放在他做得成功的事情上，而不是用力改變自己的弱點。」

所以說，一個企業不怕沒有遠大理想，就怕缺乏腳踏實地、持之以恆的精神。而要持之以恆，企業就要先學會專注。

[第七章]

保持冷靜，禁得住誘惑方能有所為

1 懂得去做自己該做的事情

企業想要在商戰中生存下來，不僅需要膽量，更需要冒險。然而，儘管冒險精神是創業家精神的一個重要組成部分，但創業畢竟不是賭博。創業家的冒險，迥異於冒進，一定要將勇敢與無知區分開來，懂得去做自己該做的事情。

馬雲說過：「一個企業家經常要問自己的，不是『我能做什麼』，而是『該做什麼，到底想做什麼』。要做到面對金錢的誘惑不要動心，面對快速的擴張不要動心，冷靜地記住自己要做的是什麼，冷靜地去發現有價値的核心是什麼。」這也是馬雲給創業者的三原則之一。

對任何一家企業來說，在商場中奮起的過程都好似一場馬拉松式的長跑，知道終點在哪裡至關重要。因爲只有知曉自己的目標，才能隨時完善自己的「供血」系統和「造血」機能，懂得運用什麼樣的方式才能最終達到目的地。

在商界，的確是有很多敢於冒險的生意人，但是在關鍵時刻，對一些利潤太高、風險太大的項目，他們總是慎之又慎，甚至中途放棄投資，他們很少涉足那些風險又高、利潤又高的行業。他們一般不會對高利潤動心，因爲他們知道「世上沒有免費的午餐」，伴隨高利潤的，肯定是高風險。

一個企業如果想要在競爭激烈的商場中能夠更好地成長，那麼就一定要清楚地知道自己將要去做的事情，這樣才不會盲目對市場亂投一氣。俗話說，打靶看靶心，企業管理者的腦海中必須隨時有一個清晰的計畫和詳盡的安排，這樣才能朝著目標前進。

日本的「生意之神」松下幸之助是目標投資理念的信徒。一九六四年，日本松下通信工業公司突然宣布不再做大型電子電腦。對這項決定的發表，大家都感到震驚。松下已花五年時間去研究開發，投入十億元巨額研究費用，眼看著就要進入最後階段，卻突然全盤放棄。松下通信工業公司的生意一直很順利，不可能會發生財政上的困難，所以令人費解。

松下幸之助之所以會這樣斷然地做決定，是有其考慮的。他認為雖然大型電腦的利潤高，但是風險太大，加上當時公司用的大型電腦的市場競爭相當激烈，萬一不慎而有差錯，將對松下通信工業公司產生不利影響。如果到那時再退，就為時已晚了，不如趁現在一切都尚可撤退，趕緊一「走」為好。

投資以後，撤退是最難的。但如果無法勇敢地喊撤退，只一味無原則地冒險，或許就會受到致命的一擊。松下幸之助勇敢地實行一般人都無法理解的「撤退」，懂得朝著自己真正的目標前進，足見其眼光高人一籌，其不愧為日本商界首屈一指的人物。

有清晰的目標，企業才能準確地把握市場，抓住市場機會，開拓創新。如果企業起初就沒有一個目標，總是在人云亦云中不斷地變幻自己的初衷，那麼最終可能會因爲突如其來的變化而方寸大亂。

克勞塞維茨在其大作《戰爭論》中指出：一個優秀的將軍，勇氣與謀略應該平衡發展。勇大於謀，會因爲輕舉妄動而導致失敗；謀大於勇，會因爲保守而貽誤戰機。事實上，在商場中，並不是所有的冒險都能讓企業賺到大錢，很多冒險背後隱藏的凶險往往會讓企業輸得精光。向著前方勇敢行進，並不是賭博式地孤注一擲，而是在通過客觀分析的基礎上得出的較爲科學的判斷，這樣的「狠闖」才最有意義。

商場如戰場，勇敢不是瞎撞亂闖。有理智的勇敢是冒險，無理智的勇敢就是冒進。想賺錢，一定要分清楚冒險與冒進的關係，要區分清楚什麼是勇敢，什麼是無知。無知的冒進只會使事情變得更糟。

2 腦子很冷靜時，你知道誰將來比你厲害

商場中每日不斷變化的競爭方式和突如其來的變化，往往會讓一些企業自亂陣腳。事實上，保持一顆冷靜的頭腦，才不會在關鍵時刻讓企業的智慧和膽識偏離軌道，並排除錯誤之見，繼續前行。

馬雲最值得每個企業家學習的，不僅是他的「闖勁」，更應該是他的「謹慎前行」。前期摸索，拜師學藝，借船出海，馬雲絕對不是爲了創業就把自己「置之死地」的野獸派創業者，相反，他是在用最小的代價來做好創業前的準備，是個腦子十分冷靜的「闖客」。

二〇一三年五月，在馬雲的臨別贈言中有這樣一段和記者的對話。

記者：「對比柳傳志、王石或比爾・蓋茲辭去CEO的角色轉變，你覺得你退休跟他們有什麼不同嗎？」

馬雲：「我沒想過這個問題。不同的一點是，我比他們退休得年輕些。我的財富也沒想跟蓋茲比，但可以比他先離開工作。蓋茲如果早點離開，其腦子冷靜得早，那微軟今天可能就不一樣了。我還是覺得在腦子最冷靜、身體狀況最好的時候生兒子是最重要的，對

吧？找接班人也一樣，腦子很冷靜時，你知道誰將來比你厲害。人到五六十歲後，不安全感就出來了。當你四十歲時，你判斷很多事情的狀態是不一樣的——你是帶著思考的眼光去看。你是知道誰比你可怕，誰將來做得比你好。」

對一些創業者來說，躲過商戰上的明槍暗箭容易，時刻保持冷靜的頭腦卻很難。一般來說，多數人在通常情況下都能控制自己的情緒，保持頭腦冷靜，進而做出正確的決定。但是，一旦事態緊急，很多管理者就會自亂陣腳，無法把持自己。

企業的發展不可能都是一帆風順的，面對危難之事，性格狂躁的管理者必然失敗。只有保持頭腦的冷靜，才有可能想出解決問題的辦法。否則，就真的如同是迷了路的人，在森林中只會來回地打轉，走不出自己的困局。

當然，企業如果要想在激烈殘酷而永不休止的商業鬥爭中立於不敗之地，除了一切必須的商業策略和正確的運作方式外，還需要有一個頭腦冷靜的領導者，幫助指揮企業的龐大艦隊在風浪中躲開暗礁、撥正航向。

沒有人會否認英代爾ＣＥＯ克雷格・巴雷特就是這樣一個富有領導能力的「企業靈魂」。照片上的他總是微笑著，但他的眼神卻冷靜銳利，彷彿能洞察一切。他的魅力不僅存在於他的神情氣質上，更多的是體現在他的冷靜的市場策略和經營手法上。

晶片製造進入互聯網時代，其面臨的困難事先無法想像得到。記錄表明，英代爾二〇〇二年的晶片生意成績平平，問題一大串：微處理器和晶片的送貨時間比預定的時間晚了幾個月；設計缺陷令人尷尬；供應短缺，等等。一些向來忠誠的客戶，如戴爾（Dell）和Gateway也開始公開抱怨「晶片巨人」的種種不足。Gateway把一部分訂單給了Advanced Micro Devices（AMD）公司，該公司的晶片產品曾一度與英代爾的晶片較勁。而那時候AMD的產品銷售量一度居高，英代爾差點陷入絕望的境地。

但巴雷特沉得住氣，從前任安德魯・格雷弗手裏接過CEO的大權後，他決定掃除障礙。巴雷特從來都不打算讓英代爾退出晶片產品的戰場，他決定正面迎敵，一決高下。「英代爾的微處理器支配著公司的經營策略。」巴雷特說，「晶片是我們夢寐以求的、能帶來可觀利潤和良好市場定位的主導產品，我們也會一直將其作為我們的首要業務，而英代爾公司在促銷產品方面也會變得越來越主動，以贏回客户的信賴和訂單。」

克雷格・巴雷特之所以能夠帶領英代爾乘風破浪，讓英代爾從重重迷霧中走出來，有很大一部分原因在於他能保持冷靜的頭腦，能沉得住氣。善於在大家的頭腦熱得像熔岩的時候，保持自己的頭腦像冰水一樣冷靜，這是一個成功者必不可缺的素質，也是他領導企業走向成功的又一秘訣。

成功創業就是能夠完美地完成自己的既定目標，並且讓這一目標不偏離道德標準，能夠實現利益最大化。所以在創業的道路上，必須要保持一個冷靜的頭腦，幫助你做到目標明確。

正如蘇聯偉大的文學家高爾基所說：「理智是一切力量中最強大的力量，是世界上唯一自覺活動著的力量。」不管處於怎樣的境地，也不管遇到怎樣的考驗，企業都應該保持理智的頭腦，冷靜分析形勢，並注意考慮自己所做的事情的後果。只有這樣，才能讓自己創業的腳步走得更加穩健。

3 確定項目的關鍵：興趣

企業選擇項目時，最重要的原則，就是要結合自身的特點、優勢，整合各種資源，以及進行環境分析，看這個項目是否最適合自己，是不是自己的最優選擇。根據自己的喜好來選擇創業項目，完全可以用「看菜吃飯」來比喻。

馬雲離職後，曾向各方媒體高呼「自己很幸運能在四十八歲時去做自己感興趣的事」。可以說，興趣一直以來都是引導馬雲前行的標誌。因爲對電子商務感興趣，馬雲建立了B2B。又因爲對物流感興趣，他不惜早退來完成自己的「二次大業」。可以說，馬雲確定專案的關鍵就兩個字：「興趣」。

二〇一三年七月，除去投資最大的物流之外，最讓人想不到的是，馬雲還將目光投放到了文化產業中去。馬雲涉足娛樂業並取得了初步成功，給自己和報紙版面都先預留下了伏筆。互聯網行業之外，另有一片天空，馬雲的精力和雄心還可以企及。

記者：「你是因為好玩才進去的嗎？」

馬雲：「我一開始沒有覺得好玩。你可以這樣看，今後阿里進入的任何一個領域，都是中國十年以後需要的東西，我們才會去的。什麼東西今天很熱，我們原則上不會進，一定不會進。在我當CEO的時候，什麼東西太熱了，人說咱們今天進去？輪不到我們。什麼東西我們判斷十年之後有機會，我的興趣就來了。十年之後的機會是因為十年以後會有這樣的問題，所以，我們必須今天去『prepareforit』，你這樣才會有機會。」

記者：「文化產業不只是娛樂、電影，還有很多啊。」

馬雲：「我是覺得電影我最容易做，其他深奧的不會弄啊。電影還能看明白，有樂趣。對社會有貢獻的事情太多了，你選擇的永遠是你自己感興趣的。」

企業因爲自己的意念不同，因此選擇項目的方式也不同。有些大企業可以根據自己的資金來確定項目，然而，有的中小企業卻抱怨自己沒有充足的資金來完善項目。實際上，創業者要根據自己目前的能力選擇適合自己的項目，而不是照搬他人的方式，否則就很容易形成「東施效顰」的結果。

有人曾經說過，只有應對自己喜歡的行業，才能付出百分之百的真心。因爲這樣，你才會自覺地、全身心地投入到工作中去，並忘我地工作。對企業來說，如果能夠找準自己喜歡的項目，那麼就一定能百折不撓地勇往直前，千方百計地去克服困難，實現創業目標。

畢竟，誰也無法保證在創建和打造項目的過程中會出現怎樣的挫折和失敗，但是如果這個項目是企業喜歡的，那麼企業定然就能主動調動自身潛能、時間和精力去接觸，去完善，不管遇到什麼困難險阻，都會一如既往地進行下去。

曾任ＩＢＭ全球銀行資料挖掘諮詢組組長及全球服務部商業智慧首席顧問，「資料挖掘」方面頂尖專家，現在為吉貝克資訊技術（北京）有限公司總裁的劉世平，就是依據自己的興趣，選定了合適的專案，才走到了今天的成功。

一九八八年，隨著出國熱潮的來臨，劉世平到了美國。因為劉世平在國內是學土木的，便進入到全球最好的土木系——康乃爾大學土木系。學了一年多，碩士論文都快做完了，但是劉世平最後卻發現土木並不是自己的興趣所在，所以毅然將它放棄掉，轉到了經濟系，並拿到了經濟學碩士和博士學位。他畢業後在研究所工作了幾年。儘管劉世平在ＩＢＭ混得不錯，薪水加福利一年也有好幾十萬美金，但是這個時候，他卻又發現這不是自己喜歡的，慢慢幹起來也沒了勁頭。後來他乾脆把工作辭了，按照自己的想法回國開始創業，幹起了自己真正喜歡的工作。

劉世平在採訪中說過：「創業一定要按興趣去做，一定要幹自己喜歡的。因為創業是很沉重和艱苦的，如果你做的事情不是你喜歡做的事，那你就慘了。所以創業時一定要堅持自己的理想。如果你只是想創業賺點小錢，那可能不是很難，但要成就一番事業，是要付出艱苦努力的。一旦決定做一件事，就要破釜沉舟，不要抱著僥倖心理。」

興趣是最好的老師，而在興趣的支撐下所展現的最有活力的精神狀態也是創業者所必須具備的創業素質。因爲有了興趣，所以挫折就不再是挫折，痛苦也不再成爲痛苦，這一切都成爲了追求興趣路上的美好體驗，成爲了一種享受。

微軟的創立者比爾・蓋茲，從小就對電腦與軟體很感興趣，並且在電腦與軟體編程方面也表現得很出色，在十五歲時，比爾・蓋茲就爲一家資訊公司解決了一些技術難題。在微軟創立之初，蓋茲與創業合作夥伴保羅更是在一間噪音紛擾的小空間裏，沒日沒夜地編寫程式。即使是到了三十九歲結婚之後，他還是經常加班工作到晚上十點之後才回家。正是出於對自己本職工作的那份熱愛，才使得蓋茲這麼有精力地工作。

每一個創業者在尋找項目之前，一定要明白自己的興趣究竟在哪裡。如果你能順應自己的身心對美好事物的嚮往，那麼你往後的奮鬥就會是一件很愜意的事——因爲成功，只不過是對你堅持這種行爲的一個小小獎勵。

4 正視失敗，冷靜下來尋找方法

在阿里巴巴正式進入軌道期間，曾經因爲步伐青澀而遭遇過許多外來的打擊。但是在每一次的打擊與失敗中，馬雲都能淡定如常，他說：「要冷靜，不要混亂，氣憤會沖昏頭腦。」或許正是因爲馬雲能夠正視失敗，因此他才能夠冷靜下來尋找到解決問題的方法。

馬雲從來都不喜歡看有關成功的書，他只看有關失敗的。他善於從別人的失敗中分析怎麼去做，從別人的成功中去反思，他爲什麼會成功?再進一步反思學他的成功還是學他的精神。羅馬哲學家席內卡說：「你若是一個人，就應該崇拜那些嘗試過偉大事業的人；即使他們失敗了，也值得讚美。」任何人都會遭遇或大或小的失敗，關鍵是看你有沒有那顆使自己冷靜下來的心。

馬雲曾經在創辦阿里巴巴之前在家裏召開第一次「股東」大會，「啓動資金必須是Pocket Money（閒錢），不許向家人朋友借錢，因為失敗的可能性極大。」「我們必須準備好接受『最倒楣的事情』」。這是這次會議的重要議題。「我們必須準備好接受『最倒楣的事情』」，這是馬雲給創業者的第一原則。

面對失敗，馬雲也曾經講過：「別人罵你，就當娛樂新聞來看。今天互聯網把你推起來，明天也會把你推下去。我每天在網上看到各種各樣的人罵我。九年來，阿里巴巴公司一直被人說會死掉。二〇〇三年，有人說如果阿里巴巴會成功，就好像把萬噸輪船抬到喜馬拉雅山頂上。我說，那好，我們把它抬下來就是。別人的話，罵你也好，評論你也好，你就把它當娛樂新聞來看，這也是『冬天』的一種修煉。」

在競爭日趨激烈和殘酷的現代商業社會中，創業者要想取得成功，就一定要有承受失敗的勇氣，從而正視失敗，並從中尋找到成功的方法，否則，你便笑不到最後。反之，一個人一旦有了敢於接受「返回到原處」的心態，繼而又有了善於積極進取的精神，他離成功就不會太遠了。即使一時失敗，也會有「東山再起」之日。

美國著名的證券交易大師邁克爾・馬科斯當初剛入期貨市場時，由於是新手，對市場不夠瞭解，缺乏交易經驗，他先後遭到多次全軍覆沒。他曾經說過自己的前八次交易全部都是以失敗而告終。直到後來，他遇到了一位名叫艾德・西柯塔的良師，開始教他如何順勢而爲，如何止損，如何賺足利潤等方法。同時他認真總結了過去失敗的經驗，徹底改掉了逆勢交易、過量交易的習慣，這樣，才漸漸扭虧爲盈。

成功的人往往在對待失敗時會十分冷靜，也正是這份冷靜，使得他們能夠更加客觀地去分析自身失敗的原因，從而不斷地提煉自我，完善自我，從缺乏經驗逐漸積累起豐富的經驗，從開始的失敗逐步走到成功的彼岸。

巨人集團前總裁史玉柱是中國最有名的富豪之一，但是他卻在一九九三年犯下了一個戰略性錯誤。史玉柱意氣風發地決心要蓋中國第一高樓，雖然當時他兜裏揣著的錢僅僅能為這棟樓打樁。

七十層的高樓、涉及資金十二億的巨人大廈，從一九九四年二月開始動工到一九九六年七月，史玉柱竟未申請銀行貸款，全憑自有資金和賣樓的錢支持，而這個「自有資金」，就是巨人的生物工程和電腦軟體產業。單以巨人在保健品和電腦軟體方面的產業實力，根本不足以支撐住七十層巨人大廈的建設，當史玉柱把生產和廣告促銷的資金全部投入到巨人大廈的建設時，巨人大廈便抽乾了巨人產業的血。史玉柱變得一無所有，身上還背負了兩億多元的債務。

但是史玉柱並沒有因此一蹶不振，在朋友的好心幫助下，他很快地就開始東山再起。這一次，史玉柱開始正視自己的失敗，他吸取經驗教訓，從頭再來，從零開始，另起爐灶。結果，在短短的三年裏，他就創造了年銷售十億元的「腦白金」奇蹟，遠遠超過了他昔日的輝煌。

美國科學院院長布魯斯・艾爾伯茲在訪華期間曾應邀爲《科技日報》撰文，他在文中這樣寫道：「有很多人都問我，爲什麼美國的科學能夠取得如此輝煌的成就？造成這個的因素其實有很多，但是在中國，人們往往容易忽視這樣一個影響因素——那就是在美國，人們尊重失敗，尊重那些渴望成功、努力挑戰困難的人，即使他們被碰得頭破血流。對那些優秀而雄心勃勃的計畫，即使偶爾失敗了，也不以爲恥。科學要探索，就會有失敗。」

在商場上行走，誰也避免不了栽跟頭。有的成功者是在摔了好幾個跟頭之後，才站上成功的頂峰的。因爲在失敗中，他們冷靜分析個中曲折，並尋找積極應對的方法，因此他們成長的速度要比他人快一倍。

總之，每一個企業管理者在商場中行走，凡事都應學會淡定。因爲說不定，在你冷靜淡定的下一秒，機遇就又會光顧到你的門前。如果你總是在焦慮，總是在彷徨失措，那麼你可能會丟失掉下一次開門的勇氣。

5 成功後更要保持冷靜

阿里巴巴能夠有今天的成就，正是馬雲保持冷靜的頭腦，拒絕浮躁，同時堅定自己的想法得來的。即便如今的馬雲已經站在了一定的高度，取得了巨大成功，但是我們從他身上依然看不到半點浮躁與驕傲，他反而變得越加沉著。

成功人士的身上都有一個共同點：在朝著目標前進的途中，他們從來都不驕不躁。即便獲得了眼前小小的成就，他們依然能夠保持一種平穩的心態循序前進，從而收穫下一個更大的成功。這種成功之後保持冷靜的態度，正是每一個創業者都應該學習的。

馬雲曾經說過：「我一直認為，不管做任何事，腦子裏不能有功利心。一個人腦子裏想的是錢的時候，眼睛裏全是人民幣、港幣、美元，人家一看就不願意跟你合作。」

「我們經常看到一些小有成就的企業家，在他們的企業剛剛有所成績時，這些企業家們就喜歡給企業套上不合時宜的願景：『三年大發展，五年成為行業龍頭，七年成為世界五百強。』研究發現，世界五百強都是經過多年的積累，緩慢平穩地增長，才最終站穩腳跟的。

「而事實上，中國大多數企業家習慣於模仿別人的東西。在過去的二十多年裏，他們從美國、歐盟和日本買來生產線，或以股權換技術，卻沒有創造出新的產品和服務。由於浮躁，哪家企業賺了錢，於是同類企業一哄而起，結果常常使銷售競爭到了白熱化的地步，以致有的企業剛開張就要關門。由於浮躁，中國企業家難以創新，特別是不能沉下心來下工夫創造具有核心競爭力的品牌。

「總之，創業者絕不能浮躁，不能急功近利。在開拓事業的過程中，一定要保持冷靜的頭腦，向優秀的企業家學習。」

一些中小企業之所以能不斷壯大，是因爲它們的經營者經營得法、時機運用得當的緣故。但是這些企業最大的缺點卻是總拿自己經營得當取得的成就進行自我陶醉和宣揚，從而被勝利沖昏了頭腦，最終導致失敗。

企業成功後也要多回憶下自己的失敗之處，並記錄下在經營過程中自己犯的錯誤。儘管有些中小企業可能因爲得天獨厚的優勢而發展起來很快，但小的錯誤總是難以避免的。企業老闆可以通過記錄經營中的失敗之處的方法來提醒自己正確經營。

不要把自己所取得的成績任意誇大，這樣企業就會鋒芒畢露，遭到競爭對手的妒恨。長久下去，企業終究會產生很大壓力，包括有朝一日被戳穿，難以下臺。對待成功，一定要冷靜淡然，這樣才能給自己做出最好的總結。

有句話說得好，創業艱難，守業更難。創業成功只能說明企業得到了市場和同行的認可，但是要想讓這種成功繼續維持下去，並且在同行中做得更好，那麼就必須付出更多的艱辛與勞苦，也就是說要保持更多的冷靜，以便思考前方未知的艱險。

世事往往難如人意，一時的成功也代表不了什麼。經濟市場每日都在發生變化，有一夜暴富者，自然也就有一夜暴虧者。因此，企業經營者在成功之時，一定要首先保持一個冷靜的頭腦，多思考和總結，切莫妄自尊大，反常理而爲之。

6 不管別人怎麼說，都堅定走自己的路

有人曾經問過馬雲：「從你一九九九年做阿里到現在十多年了，你覺得你在關鍵的地方沒有犯錯，你說的『關鍵地方』指的是什麼？」馬雲回答：「『關鍵地方』是我們堅持了從第一天開始就清楚的使命，就是幫助小企業成長發展，還有，『關鍵地方』是我們這家公司從第一天到現在，我們沒有拋棄自己的理想主義。」

有句話說得好：當你堅信自己是對的時候，你的世界都是對的。有很多人，往往相信別人說的話很容易，卻在「相信自己」這個問題上優柔寡斷，最終在偏離自己預定軌道的人生路上越走越遠。

馬雲創立阿里巴巴的時候，提出了獨特的Ｂ２Ｂ商業模式。從阿里巴巴成立的第一天起，很多人都說：「如果阿里巴巴能成功，無疑就是把一艘萬噸輪船抬到喜馬拉雅山頂峰上面。」

而馬雲就跟他的同事說：「我們的任務是把這艘輪船從山頂上抬到山腳下。別人怎麼說，沒辦法的事，你自己要明白，我要去哪裡，我能對社會創造什麼樣的價值。我們希望

創造一個真正由中國人創辦的、令全世界都感到驕傲的偉大公司，那是我的夢想，和我們這一代人的夢想。」

在eBay與易趣強強聯合，佔領了中國八成以上C2C市場分額的時候，馬雲曾宣布進軍C2C領域，打造淘寶網。這種螞蟻挑戰大象的行為，再一次讓人大跌眼鏡。結果是在人們懷疑的目光中，eBay選擇退出。馬雲說：「他們說第一天開始已聽不懂我的話，但還是每年投錢進來。現在他們都說：『Jack，我不跟你吵，你去幹吧！』我跟公司COO也是吵了六年了。每年我們打賭一萬元看我說出的話能否做到，結果第七年他就不跟我吵了，也不再跟我賭了。」

馬雲用事實證明了自己的正確，他用實實在在的成績使投資商和同事們心服口服。回顧以往的經歷，馬雲認為一定要堅信自己是正確的。在這一點上，馬雲對年輕人的建議是這樣的：人必須要有自己堅信不疑的事情，沒有堅信不疑的事情，那你不會走下去的，你開始堅信了一點點，會越做越有意思。他鼓勵大家：「不管別人怎麼說，我們堅信一定不在乎別人怎麼看待我們。我們在乎怎麼看待這個世界，如何按照我們的既定夢想一步步往前走，這是做任何事一定要走的一條路。」

布沃爾說過：「恆心與忍耐力是征服者的靈魂，它是人類反抗命運、個人反抗世界、靈魂反抗物質的最有力支持。」做事應該有恆心，尤其要有自信心。你必須相信，自己正在做的事是有意義的，無論發生什麼，都不能干擾你奮勇向前的腳步。這種自信與專注，會成爲你的成功之帆。

有位企業家被問到自己的成功秘訣時說：「歸納起來也只是四條：堅持；堅持；堅持；放棄。」眾人大惑不解：既然前三條都是堅持，還差最後一步嗎？

這位企業家說：「當我們需要放棄的時候，就應該果斷地放棄。因爲如果你確實把自己百分之百的努力都用上了，卻還沒有成效，很可能就是此路不通。坦言說，它已經不值得你再去挖空心思拼命做了。這時候最明智的選擇就是趕快放棄，及時掉頭，尋找新的方向，千萬不要在一棵樹上吊死。」

俗話說：「功到自然成。」不論別人怎麼說，只要你自己心中有了主意，有了方向，那麼就應當堅持下去。尤其是已經有了最初戰略目標的企業，一定要懂得堅守自己的初衷，不要輕易被旁人影響。這樣，在你的衝勁之下，企業就一定能夠榮登頂峰。

[第八章]

持久激情，做自己的造夢人

1 擁有持久的激情才可能賺錢

馬雲曾說：「創業者的激情很重要，但是短暫的激情是沒有用的，長久的激情才是有用的。」創業本來就是一件十分艱辛的工程。如果僅靠著最初那點鬥志昂揚，定然鑄不起高牆鐵壁，只有持久的激情，才能持續不斷地爲我們提供充沛的動力。

面對創業，企業家首先要思考的就是如何將短暫的激情轉化爲持久的動力，因爲激情是不能受到傷害的，只有持之以恆的激情才能換來財富。

有一位偉人曾講過：「事業成功的秘密，一是保持激情；二是保持激情；第三還是保持激情。」如今有很多創業者，他們在最初的時候可能表現得鬥志昂揚，然而，在奮鬥的過程中，一遇到挫折就偃旗息鼓，士氣大減，甚至因爲無法承受失敗的打擊而選擇退縮、放棄。

激情需要我們持續不斷地供給。如果不能保持這種充滿熱情的幹勁，那麼我們一遭遇到阻力，就會熱情消滅，最終無法到達目的地。

從大學教師到「中國互聯網之父」，可以說馬雲就是一路充滿激情地走來的。從「中國黃頁」初創之時，幾乎所有中國企業對在互聯網上打廣告、做宣傳都抱著強烈的懷疑態度，他們甚至認爲馬雲是騙子。但是，馬雲卻一如既往地堅持向著自己的夢想進發。

即便是到了一九九九年，馬雲和他的合夥人以五十萬元人民幣始創阿里巴巴網站時，依然是困難重重。即便是這樣，馬雲依然是激情四射，爲自己和合夥人制定了奮鬥目標，規劃出美好未來的藍圖。堅持夢想、保持激情的馬雲成功締造了阿里巴巴的神話。

在源太郎還沒有成為日本著名的擦鞋匠之前，他只是一名為了溫飽而到處行走的打工仔。然而，偶然的一天，一個美國軍官讓他幫助自己擦皮鞋，最後他得到了豐厚的小費。從這以後，源太郎決定靠擦鞋賺錢。

源太郎先是花費三年的時間，向所有他聽說過的手藝好的擦鞋匠請教。同時，他總結別人的經驗和教訓，歸納出了一套自己獨特的擦鞋方法。在滿腔熱忱的促使下，源太郎不僅追求把鞋擦乾淨、擦亮，還仔細地研究皮鞋的品質，努力做到精通皮鞋的類型、質地。

他對皮鞋表現出的瘋狂的熱情，使得他簡直成了皮鞋專家。對皮鞋的瞭若指掌，使得他擦鞋的技術達到了爐火純青的程度。他會根據不同品牌的皮鞋，選用不同成分的鞋油。遇到一些顏色罕見的皮鞋，他就自己用幾種顏色的鞋油調製適合這種皮鞋的鞋油。他還仔細地研究了各種鞋油的性質，努力做到自己使用的鞋油既光亮，又充分滋潤皮革，讓光澤更持久。

生活不會辜負每一個熱情投入的人。源太郎出名了。一九七五年，他成了希爾頓飯店的「定點擦鞋匠」。源太郎的手藝異常受歡迎，一些外地的顧客甚至將自己的皮鞋郵寄過來讓他擦。連日本前首相以及日本的財界大亨等一些著名人物都成了他的常客，還有一些世界級明星，如麥可・傑克遜等人都曾把鞋送到他那兒擦過。

愛默生說過：「有史以來，沒有任何一件偉大的事業不是因為熱忱而成功的。」熱忱的人擁有一顆激情的心，他們不畏困難，敢於挑戰，所以他們會更加專注於自己所愛，並且自覺地去學習、去探索、去創造、去奮鬥，甚至勇於去承擔更大的使命，不斷啓動自己的智慧、潛能，最終成就自我的價值。

每一個在夢想之路上不斷向前衝的人，不妨先給自己定一個近期的、容易實現的目標，以此來激發自己不服輸的精神，讓自己擁有不斷前進的動力，只有這樣，才能使你在這種源源不斷的動力下最終走向成功。

2 激情讓你戰勝矛盾和猶豫

如果多年前馬雲只是安安分分地做著自己的外語教師，那麼他也就沒有創造互聯網神話的機會。是什麼成就了如今的馬雲呢？答案就是激情。充滿激情的馬雲帶著他獨有的衝擊力，戰勝了創業路上的一切矛盾和猶豫，打造出了今日的互聯網神話。

創業需要強烈的賺錢欲望，而欲望的程度又會決定當你在面對一次或多次轉折時，能否將眼前的屏障衝破。激情往往就像是人們體內供應能量的因數，往往能讓人有更多的勇氣來面對不安的現狀。

在馬雲身上，我們看到了不畏艱險的勇猛精神，而我們需要學習的，也正是他當年走出現狀的勇氣。如果沒有當年的激情，也就沒有現在的改變。

每個參與創業的人都知道，創業路上困難重重，步履維艱，如果你沒有一點創業的激情，是很難克服那些困難，最終堅持下來的。若是擁有創業的激情，便能逢山開路，遇水架橋，直面困難，解決困難。

馬雲奉行激情人生，崇尚激情創業、激情創新、激情冒險。因此，他不僅是一個激情四射的創業者，還是一個偉大理想的佈道者，更是一個輝煌夢想的鼓吹者。是馬雲點燃了阿里巴巴團隊的激情，也造就了阿里巴巴持續成功的激情神話。

「心有多大，舞臺就有多大。」激情總是與夢想相伴。馬雲把激情寫進了阿里巴巴的價值觀。他說，年輕人都有激情，但年輕人的激情來得快，去得更快，持續不斷的激情才是真正值錢的激情。你可以失去一個專案，丟掉一個客戶，但你不能失去做人的追求，這就是激情。失敗了再來，這就是激情。

激情是點燃欲望的火苗，只要這把內心的大火能一直熊熊燃燒下去，就能無畏前方的一切阻礙。因此，用激情去戰勝你的矛盾與猶豫吧！

3 像堅持初戀一樣堅持理想

在創業時，馬雲說，創業一定要堅持自己的夢想。「初戀總是美好的，但是人們往往會遺忘初戀。」馬雲告誡創業者，創業後一定要多多回憶當初創業的初衷，要想想自己當初爲什麼要創業？創業後要做什麼？只有時刻反思，才能做好創業。

事實上，創業和做人一樣，一定要堅持自己最初的理想，不可輕易動搖自己的信念。哪怕很多人提出強烈的反對，但只要你認定了，就要堅持。馬雲在回顧阿里巴巴的創業歷程時，總結出來的企業創新發展經驗中，有一條就是：堅持自己的理想。

馬雲在「阿里巴巴社區大會」上曾經說過這樣一段話：「初戀是最美好的，每個人的第一次戀愛最容易記住。每個人初次創業的時候的理想是最好的，但是走著走著，就找不到這條『路』在哪裡了。其實你的第一個夢想是最美好的東西……二〇〇一年網路泡沫破滅時，那三十幾家公司，我記得現在全部關門了，只有我們一家還活著。我們是堅持初戀的人，我們是堅持夢想的人，所以能走到今天。」

馬雲的創業之路走得並不順利。阿里巴巴從成立以來一直備受質疑，但馬雲從來沒有質疑過自己，而是一直堅定不移地按著自己的理想進發。即使在誘惑面前、在壓力面前，馬雲也從來沒有改變過。

成功需要堅持不懈，更需要禁得起各種誘惑。對每一個創業的人來說，都需要堅守自己的理想和初衷，盯住一個點去發揮全力。如果你能在這個過程中永遠像第一次選擇愛你的職業一樣，一直擁有這種激情，那麼就一定能夠成功。

創業之路充滿艱辛，如果缺乏強烈的意願，就很難堅持到最後。而能夠維持這種意願的東西，往往是創業者堅信自己能取得成功的信念。一位創業成功人士說過這樣一句話：「創業就像黑屋子裏，一點亮都沒有，但你要告訴自己，那就是有光的地方，告訴自己那是方向，然後跟團隊說跟我走，那就是方向。」也就是說，相信自己的選擇，堅信自己的判斷力，並向著自己選擇的方向堅定不移地向前走。

如今，參與創業的隊伍越來越大，越來越強，而能夠成功的人卻越來越少。所以在準備創業的初期，我們一定要聽從馬雲的忠告，問問自己，你是否有著強烈的創業意願？你是否對達成夢想有著堅定不移的信念？你是否能面對種種挑戰，克服種種困難？如果你無法做到這一點，或者還不清楚自己的創業意願到底有多大，那麼，你的創業之路就很難成功地走下去。

4 讓團隊保持永久的激情

馬雲曾經說過：「創業者的激情很重要，但一個人的激情沒有用，很多人的激情才有用。如果你自己很激情，但是你的團隊沒有激情，那一點用都沒有。怎麼讓你的團隊跟你一樣充滿激情面對未來、面對挑戰，是極其關鍵的事情。」

阿里巴巴成立之初，十分艱難。那個時候每人每月五百元工資，其實還是大家一起湊的。但是在如此艱苦的情況下，卻沒有一個人說累，反而更加充滿激情。因為在最為艱難的時刻，馬雲的話總是激動人心：

「就是往前衝，一直往前衝。我說團隊精神非常非常重要。往前衝的時候，失敗了還有這個團隊，還有一撥人互相支撐著，你有什麼可恐懼的？今天，要你一個人出去闖，你是有點慌。你這個年齡，現在在杭州找份工作，一個月三四千塊錢你拿得到，但你就不會有今天這種幹勁，這種闖勁，三五年後，你還會再找新工作。我覺得黑暗中大家一起摸索、一起喊叫著往前衝，就什麼都不慌了。十幾個人手裏拿著大刀，啊！啊！啊！向前衝，有什麼好慌的，對不對？」

正是馬雲的這番話，讓阿里巴巴的創始者們的精神為之一振。接下來，馬雲開始兜售真正的期貨，兜售黃金的未來：「在未來三五年內，阿里巴巴一旦成為上市公司，我們每一個人所付出的所有代價都會得到回報，那時候我們得到的不僅是這間房子，而是三十間這樣的房子。」當時對這些只能掏出一至兩萬的人來說，三十間房子的價值就是個天文數字，湖畔花園是個遙不可及的夢。然而，正是在馬雲的激勵下，阿里巴巴的成員們才能一直保持著最初的激情，最終成就了今天的輝煌。

事實上，在每個人的內心深處都潛伏著激情，一旦有人把這種激情挖掘出來，就會變成一種連他自己都想像不到的巨大力量。而馬雲正是這樣一個有魅力、有激情的帶頭人。

馬雲曾經說過：「判斷一個人、一個公司是不是優秀，不要看他是不是Harvard（哈佛），是不是Stanford（史丹福），不要看公司裏面有多少名牌大學畢業生，而要看這幫人幹活是不是發瘋一樣幹，看他們每天下班是不是笑咪咪回家。」

如果讓一個團隊保持永久的激情，那麼就能讓眾多小力彙聚成一股力，這樣給企業帶來的影響就將遠遠大於一個人的奮力。有一句古諺說得好：一頭獅子率領的綿羊隊伍可以打敗一頭綿羊率領的獅子隊伍。如果企業的領頭人總是鬥志昂揚、激情澎湃，那麼他帶領的團隊必然也會通過耳濡目染、潛移默化，而意氣風發。

如果你已經擁有了一個優秀的團隊，你已經與股東形成夥伴關係，你們能夠果斷行動、團結一致，那麼，能夠幫助你建立起一個可持續的高效團隊的最重要的信念，便是信任與激情。

當然，有一點值得企業領導注意的是，短暫的激情只能帶來浮躁和不切實際的期望，它不能形成巨大的能量；而永恆持久的激情會形成互動、對撞，產生更強的激情氛圍，從而造就一個團結向上、充滿活力與希望的團隊。

5 夢想的實現需要持久的激情

一個有激情的人，會自覺地去學習、去探索、去創造、去奮鬥，甚至勇於去承擔更大的使命，不斷啓動自己的智慧、潛能。這是實現目標的保障。正如馬雲所說：別人可以拷貝我的模式，不能拷貝我的苦難，不能拷貝我不斷往前的激情，這個東西你一定要記住，這是你的核心競爭力。

但凡是人，都有喜新厭舊的心理。想保持一天的激情很簡單，保持一個星期或者一個月的激情也不是很難，難就難在如何把激情保持一年乃至更長的時間。

比如，我們今天打算開個淘寶店，馬上興致勃勃地拍照、弄店標，在網上拉人來關照自己的生意。一周過去了，你的激情明顯變淡，一個月過去了，你自己都懶得去店裏了。激情是最容易被消磨的一種情緒，這就是很多人不能將目標進行下去的原因，「淘寶夢」當然也就消失了。

美國成功學大師拿破崙・希爾認爲在評價一個人的時候，除了考慮他的能力才幹之外，還必須看重他的激情，因爲如果一個人有了激情，就會有無限的精力。激情也往往能夠調動我們全身心的巨大潛力去創造性地解決問題。因爲人類在衝動的情緒下，注意力往往會高度集中，想像力也會變得豐富起來，且記憶力還會有所提高，理解能力也有所加深。用積極的工作態度和觀念塡充自己，創意往往會主動來敲門。

愛默生說過：「有史以來，沒有任何一件偉大的事業不是因爲熱忱而成功的。」熱忱的人擁有一顆激情的心，他們不畏困難，敢於挑戰，所以他們會不斷邁上成功的臺階，成就自我的價值。

只是短暫的激情很容易產生——幾乎任何一個目標都可以產生澎湃的激情，但持久的激情卻極難維持。再好的東西，看久了也會產生審美疲勞，更何況一個遙不可及的目標。就像愛情也有審美疲勞的時候，再漂亮的美女，看久了，也就成了「普通人」。目標也有審美疲勞，長期處在同一領域，對相同的資訊每天都要大量地接受，難免會產生感覺以及心理上的疲勞，就會讓人失去最初的新鮮感，感到乏味、枯燥，提不起精神，引發倦怠心理。

能想辦法爲其注入新的活力，就能保鮮愛情和婚姻。同樣，當你在打拚事業的過程中，也產生了懈怠心理，不要害怕，更不要輕易放棄。我們以工作爲例，看看有哪些方法可以幫助你，給你補給激情。

第一，**尋找工作中的「新鮮點」**。

這一條類似於尋找伴侶身上新的閃光點，比如你忽然發現一向花錢大手大腳的愛人，其實財商還蠻高的，他對一些投資項目的敏感，不得不讓你佩服。而在工作中，你不妨重新審視一下自己所處的環境、自己的日常工作內容，從中發現新的樂趣以及新的挑戰。新的樂趣可以減緩你每天面對大批量重複資訊的厭倦感，而新的挑戰則可以賦予你新鮮的工作激情，激發你的鬥志。

第二，**做到勞逸結合**。

如果兩個人成年累月每天都是八點出門去上班，晚上七點多到家做晚飯，日子過得公式化，心情自然也會公式化。所以，不如抽個週末，兩個人一起去郊遊，或者去初戀的地方重溫一下初戀的感覺，一定能加深彼此的感情。

工作也是一樣，如果你長期堅持每天工作到晚上十二點，那麼早晚有一天，你會「崩潰」。如果你的工作非常模式化，那就更應該適當地改變一下，比如找個風景秀美的地方散散心，去做一件一直想做卻因爲工作忙而一直未做的事情。

第三，**把大目標分解成小目標**。

長遠的目標容易讓人產生懈怠心理。我們不妨給自己定一個近期的、容易實現的目標，激發自己不服輸的精神，讓自己擁有不斷前進的動力。

馬雲說：「有些人，創業初期很有激情，但激情來得快，去得也快。所以，我希望你們的激情能保持三年，保持一輩子。」有一位偉人也曾講過：「事業成功的秘密，一是保持激情；二是保持激情；第三還是保持激情。」

如果把人比作是一輛汽車，那麼激情就是汽油，有了它，汽車才能開動。並且，只有持續不斷地供應汽油，汽車才能跑起來，並跑得更遠。

6 等「孩子」長大了，會賺大錢

馬雲曾經表示：「創辦一個企業就像養一個孩子，不能指望他一生下來就能掙錢養家糊口。只有不斷地給予其營養和知識，這樣孩子才能夠茁壯地成長，賺錢是早晚的事情。如果做家長的把賺錢看得太重，讓孩子過早地出來做童工，那不僅賺不到錢，就連孩子本身也有夭折的可能。」馬雲把管理一個企業叫做「經營」，他認爲一個企業若是一開始就嚷著要賺錢，而並不爲它灌輸自己的文化、自己的價值觀，那樣無異於殺雞取卵，而企業也不會存在多長時間。

二〇一三年十一月十一日，天貓的網購成交額達到三百五十點一九億，同比增長百分之八十三。中國網購的力量再次震驚了全世界。馬雲和阿里巴巴再次成為社會焦點。

其實馬雲曾經在創立阿里巴巴的初期便表示，現在的自己並不是不能賺錢，而是不急於賺錢。馬雲基於中國市場的現實狀況以及購物人群的真實需求，自二〇〇三年淘寶成立開始，就採用免費政策，並承諾五年內不收費。經過淘寶網五年免費期的培育，中國網路購物人群的數量已經呈現了井噴式的增長，其市場規模也由最初的幾億人民幣的年交易量，增長至現在的上萬億交易量。而在這樣的情況下，也就是二〇〇八年，阿里巴巴決定再向淘寶注資五十億，繼續讓其沿用免費的政策。

雖然看上去是放下了一大部分利益，但是淘寶網卻戰勝了龐大的eBay，成為了中國第一購物網站。現在，光憑藉廣告收入，淘寶就達到了收支平衡。這也正是馬雲的一貫策略。先把企業養起來，不著急讓其賺錢，等到它有自己的能力的時候，錢是不會少的。

任何一家企業都是以賺錢爲目的的，這是無可厚非的。但是有很多剛創業的公司只想著賺錢，開始急功近利，甚至在剛剛做出一點成績來，碰到有大公司來收購，就會把公司賣掉，絲毫不會把公司當成自己的「孩子」，也不願意一點一點地「養」。他們只負責把這個「孩子」創造出來，如果這個「孩子」不能給自己帶來利益，就會著急，不去想著怎麼改變公司自身的缺點，而是想著怎麼儘快讓利益最大化，這其實是不對的。

每一個大企業都是從小企業開始做起來的。在企業的發展中，都要經歷一個循序漸進的過程。管理者的目光應該放得更長遠一點，這樣才能立足全局。要看到自己企業未來的發展優勢。如果爲了眼前的丁點蠅頭小利，就不惜犧牲還處於萌芽階段的公司利益，那麼最終企業只會因爲盲目追求速度而失敗。每一家企業都有自己的發展模式，並且企業發展的方式有很多種，其中靠自我積累的方式發展起來的企業，才能有更穩固的根基。如果把所有的精力和時間都用去揀「小金子」，那麼也許會錯過「大金礦」，甚至連「小金子」都握不穩。

稻盛和夫曾經說過：「任何一項偉大的事業，只有靠實實在在的、微不足道的一步步的積累，才能獲取成功。」中國古代也有一句話叫：「不積小流無以成江海，不積跬步無以至千里。」經營一家企業也是如此，沒有一步登天的人，也沒有一下子盈利過億的企業。一個企業發展緩慢不要緊，一定要找出它發展緩慢的原因。

企業在要求擴張、發展的時候，千萬要考慮規模經濟問題。對管理者來說，一定要量力而行，切莫「揠苗助長」。

有句話叫：「將欲取之，必先予之。」一個企業只有先培養出了良好的發展根基，才能在往後的競爭中屹立不倒。如果企業的根基都沒有打穩，只要有點風吹草動，自然就會遭遇巨大失敗。

管理者應該學會將眼光放在遠方的更大的利益上，能夠忍受得住小利益的誘惑，全心投入到撫養企業中，耐心等企業長大，這樣才能在不知不覺中收穫最豐厚的回報。

馬雲在接觸互聯網之前曾經成立過一個「海博翻譯社」，他把一些退休的老教職員工都集合起來，幫那些賦閒在家的老師們賺點外快。馬雲當時的主業還是教書，只是在業餘時間打理翻譯社的事。這個翻譯社的生意可謂慘澹。曾經一個月賺七百，卻要交兩千元的房租。為了繼續辦下去，翻譯社甚至賣過花，連貨都是馬雲扛著麻袋去義烏批發的。

按理說，這麼一個挨累不討好的翻譯社乾脆就不幹了，馬雲卻非要堅持。通過馬雲幾年的努力，翻譯社的生意漸漸好了起來。而這時，馬雲的注意力也轉移到了互聯網上，他便把翻譯社送給了一個入了股的學生。

這個翻譯社今天還在營業，雖然門面依舊那麼破舊，但是卻能翻譯幾十種語種。翻譯社內掛著馬雲當年題寫的四個大字：永不放棄。

由此可見，馬雲獨特的商業頭腦在那個時候就已經顯現出來。他懂得「先付出，後賺錢」的道理，或者說叫「放長線釣大魚」。雖然「海博翻譯社」只屬於馬雲的「試水之作」，但是其商業特質已經在這裏顯露無疑了。

第九章

未雨綢繆，永遠在陽光燦爛時修屋頂

1 做經營決策一定要審慎

馬雲曾經在回顧自己創立中國黃頁時表示，「如果螞蟻走得好，大象也搞不死牠。」觀看馬雲一路走來的各種艱辛，無一不是步步爲營，仔細之外更多加斟酌與考慮，他從來都不是一口吃一個胖子。

在商場行走，每個人都要有謹慎之心。哪怕你現在可能正風生水起，然而下一刻可能就被拋入冷窖。因爲，策略中只要出現一個細微的差錯，就會斷送掉企業的未來之路。看來，企業在做經營決策時一定要慎之又慎。

很多人都羨慕那些創業成功的人。在他們看來，那些創業成功的人，整天什麼事情都不用做，動動嘴，別人就把一切都處理得井井有條。然而，他們只看到了創業成功的人們在享受創業成果時光鮮的一面，卻忽略了他們在商海裏打拚的時候，那種驚心動魄、常常九死一生的過程。

有人說：「創業就是在刀光劍影裏求生存。」這話一點不假，創業並不是一件容易的事情，這其中充滿危險，一不小心就可能身心俱傷。就拿馬雲來講，從最早創辦海博翻譯社開始，他就已經開始了自己漫長的人生規劃，他往後的成功，都是從一步步的思考中過來的。

企業在做經營決策時，應該從實際出發，經過或審慎或不盡合理的思考，初步確定「爲什麼我們要進行這樣的經營決策」、「是不是一定要推行這個策略」，只有對所定決策多加深思，將一切不穩定的因素考慮清楚，才能最終使這個策略能順利得以實施。

二〇〇〇年十二月，世界最大半導體製造商英代爾（Intel）表示，將取消生產Timna微處理器的計畫，因為這種原本計畫用於六百美元以下個人電腦的低價晶片面臨設計進度落後以及需求下降的問題。

Timna是英代爾公司專為低端ＰＣ設計的整合型晶片。當初在上這個項目的時候，公司認為今後電腦減少成本將通過高度集成（整合型）的設計來實現。可後來，ＰＣ市場發生了很大變化，ＰＣ廠商發現，使用英代爾的低價賽揚（Celeron）微處理器，再配上八一〇晶片組及其他零件，同樣能製造出預期的低價電腦。ＰＣ製造商通過其他系統成本降低方法，已經達到了目標。英代爾公司看清了這點後，果斷決定讓項目下馬，從而避免更大的支出。

由於市場及技術發展瞬息萬變，投資決策失誤在所難免。因此，在投資失誤已經出現的情況下，如何避免更大的錯誤，對企業來說，才是真正的考驗。一些著名的企業的經驗是，每投資一個項目，如果沒有實現預期收益，那麼馬上就總結、調整；再沒達到目標，就需要換負責人；如果換了負責人還未達到目標，就應該停止該項目，將之轉讓或放棄。

在企業經營決策中，投資決策是最重要的決策之一，也是影響企業成本投入和利潤獲取的最重要的因素。因此，投資決策一定要謹慎從事，進行多方面地科學論證，以避免決策失敗。如果投資控制好了，或降低了投資數額，就等於降低了成本，增加了利潤。

對經歷了諸多挑戰的馬雲來說，在互聯網這個時常變幻莫測的行業中生存，最需要他做到的，就是多方考慮，仔細斟酌，從而使自己創辦的企業在這個「你方唱罷我登場，各領風騷三五年」的環境中生存，雖然今天不再像從前那樣，即使付出了再多的努力，依然勝算無幾。但是，「創業就是在刀光劍影裏求生存」，更要求每一個人都要謹慎防備。

因此，企業在做出經營決策之前，一定要慎之又慎，這樣才能在充滿變數與波折的創業之路上走得更加順利。

2 理性一定要放在感性之前

在充滿變化的時代中，各種經濟現象和社會現象容易出現魚龍混雜的狀況。有些企業在面對這些不合理的現象時，常常容易冒出這樣一句話，「存在的即是合理的」，用以解釋那些不合情理的制度或者事件的存在，爲自己的無奈退縮尋找藉口。

然而，作爲阿里巴巴董事局主席兼CEO的馬雲卻是永遠將理性思維放在感性之前的，他在看到未來美好前景的時候，總是會提前預測未來的災難，並且不論什麼情況下，他總能用客觀公正的事實去給大眾一個交代，所以他能把握好大局方向，勇往直前。

在二〇〇六年舉辦的「第一財經商業人師論壇」上，老一代和新一代的企業家就「感性」和「理性」這一話題曾起了爭議。有不少企業家們認爲，「不是所有的問題都如同『Yes or No』一樣可以尋找到標準答案的」。其中，蘇商集團有限公司董事局主席的嚴介和更明確提出：「一流企業家多感性大於理性。」

事實上，一個企業做出最終決策，實際上也就是它在對所處經濟環境的一種判斷。如果主觀意識和外界的客觀存在有較大偏差，很顯然就會違背市場發展規律，制定出錯誤的戰略目標，從而影響企業的未來發展。

更何況，如今企業之間的競爭越來越激烈，「優勝劣汰」已經是無情而殘酷的商場中唯一的生存法則。而一個企業的優劣轉換，關鍵就在於那些掌握了企業命運的管理群體是否擺脫了對個人「英明」決策的依賴，企業是否已經建立起了理性的決策機制和營運管理體系。當領導者有了對市場正確的客觀意識，就會激勵員工奮發圖強、防微杜漸，想方設法防患於未然。

很多企業的經營決策往往靠的是企業管理人的直覺、經驗和判斷力。這種「拍腦袋」的決策方式或許在過去可以屢試不爽，但到了市場越來越成熟、投機機會越來越少的今天，就會多少帶有點賭博的意味了。我們看到很多企業，就是因爲老闆的一個盲目決策而陷入危機。

企業的經營管理是一個持續的不間斷的過程，需要不斷的積累提升。要真正實現企業從感性經營到理性經營的轉變，需要轉變的是企業的經營意識和變革勇氣。只有當企業真正實現了理性經營，才能夠逐步實現向現代經營性企業的轉變，完成轉型升級，使企業長治久安。

3 先做考察，不打無準備之仗

古人云：「安而不忘危，治而不忘亂，存而不忘亡。」儘管這是治國安邦之策，可對企業的管理同樣適用。對一些新進專案，企業一定要結合自身條件去考量其可實施性，這樣才能打一場有準備之仗。作爲阿里巴巴的帶頭人，馬雲之所以能扛過互聯網的冬天，在強大的競爭對手面前，一次次地脫穎而出，其實關鍵就在於他時刻都有一種危機意識。他有著防患於未然的敏銳洞察力，並能在每次危機來臨之前，盡最大的可能去化解經營中的潛在風險。

二〇一三年五月，馬雲將眼光投放到了物流上。正當眾人對此舉議論紛紛之時，馬雲站了出來，表明了這絕不是「一時心血來潮」之舉。事實上，阿里巴巴在兩年前就已開始部署各地倉儲，並且提前對此進行了系列考察。

不同於京東商城的「自建」模式，馬雲的設想是用自身平臺輸出的資訊流來指揮物流的分配，並借助第三方快遞公司得以執行。這種模式減少了約百分之六的配送費用，並通過借助第三方快遞的零星網點，在一定程度上減少自身的倉儲投入。但實現這一設想也並非易事。馬雲表示，目前CSN計畫在具體方案細節上還存在爭議，這是一個沒有任何先例的計畫。「我們去考察了日本、歐洲和美國，他們都沒有這樣的先例」。

一個企業要想發展，必須居安思危、不斷進取，要隨著主客觀形勢的變化，不斷調整自己的思路，要迅速實現市場意識的轉變，要從滿足市場向創造市場轉變，要從狹隘的市場向廣闊的市場轉變。而在做出這些轉變之前，一定要對現有的經濟狀況做出一定的考察。

有些創業者，總是有了一點點成績就開始沾沾自喜，妄自尊大，一心沉浸在享樂中不能自拔。商場是個常常充滿變數的地方，一不小心，優劣勢之間便會發生轉換。當然，在這樣的領導者領導下的企業，終究都會在無情的競爭中被淘汰出局。

作爲企業的領導人，一定要具備一定的風險意識，因爲一個團隊自誕生之日起，就不可避免地進入到一個不斷與危機作鬥爭的過程中。只有一個能警覺、能預見、能克服、能戰勝危機的團隊，才能讓企業在小心謹慎中發展壯大。

二〇〇七年年初，人們就開始盛傳，整個商業市場的「冬天」可能馬上就要來臨。對這些，馬雲表示，他花費了大量的時間，一直在研究，未來將會有什麼樣的災難？遇到災難該怎麼辦？等等。在阿里巴巴剛上市的時候，馬雲就給阿里巴巴所有的同事寫了一封郵件，他說：「因為現在整個世界經濟出了點問題，在這樣的情況下，所有的企業都要準備好迎接挑戰。」當然，這封信不是說阿里巴巴有「冬天」，也不是說互聯網有「冬天」，而是每個人要有「過冬」的意識，每個人要有憂患意識。

在這封郵件中，馬雲還判斷，作為阿里巴巴的主要客戶對象，中小企業群將面臨嚴重的生存壓力。因而，他要求員工幫助中小企業渡過「寒冬」。他說：「我們要牢牢記住：如果我們的客户都倒下了，我們同樣見不到下一個春天的太陽！」最後，他表示，「冬天」並不可怕，但沒有準備的「冬天」是非常可怕的。

實際上，早在阿里巴巴B2B在香港上市的時候，馬雲就説過：阿里巴巴B2B提前上市是為「過冬」做準備。上市之後，阿里巴巴集團的現金儲備已超過二十億美元。在二〇〇七年二月阿里巴巴集團年會上，馬雲再次提到：二〇〇八年阿里巴巴要準備「過冬」，並首次提出二〇〇八年阿里巴巴要「深挖洞、廣積糧」。

古人說：「兵無常態，水無定形，守業必衰，創業有望。」作爲團隊的引領者，切不可貪圖享受，試圖一勞永逸。一位企業家曾說過：「我們始終生活和工作在憂患之中，任何發明和創造以及在競爭中的勝利，至多只能高興五分鐘！」

即使危機不可避免地發生了，由於準備充分，也當能挽狂瀾於既倒，將損失降低到最低程度，從而轉危爲安，保持企業繁榮昌盛。反之，如果領導者的危機意識淡薄，其帶領的團隊自然就難以形成危機意識，企業就會停滯不前，甚至走下坡路，等危機真正地發生了，企業團隊就會慌亂失神，束手無策，最終使企業陷入困境。

一個有責任、有危機意識的領導者，往往更能帶領著自己的團隊走得更高，更遠。而那些沒有危機意識的領導者所帶領的團隊，在危機來臨的時候，往往會被打得落花流水，潰不成軍。所以企業在制定必要的決策之前，要先做考察，絕不打無準備之仗。

4 永遠不能低估你的對手

馬雲曾經說過：「我們做企業的，每天都是如履薄冰，對每一個項目，對每一個過程都非常仔細。所以請大家注意，不管你擁有多少資源，永遠要把對手想得更強大一點。哪怕對手非常弱小，你也要把他想得非常強大。」

高估競爭對手，疑神疑鬼，聽上去像是件壞事情，但在商業競爭中，它是所有成功者必備的素質。常言說得好：驕兵必敗。商場上也一樣。本來已經有了贏的勝算，結果因爲忽視了對手的存在，從而離成功的大門越來越遠。

馬雲之所以能率領淘寶網擊敗行業老大eBay，一個很重要的原因，也就在於馬雲對對手的瞭解。就像馬雲所說的：「我們與競爭對手最大的區別，就是我們知道他們要做什麼，而他們不知道我們想做什麼。」

早在這場「戰爭」開始以前，馬雲就長時間關注著eBay的一舉一動。「eBay公司所有的高層資料我們都會詳細分析，他們在世界各地的各種打法，他們擅長的各種管理手段和應招特點，我們都會仔細研究。」馬雲說，「因爲eBay是上市公司，而阿里巴巴不是，惠特曼對淘寶的瞭解尚不及我對eBay的瞭解。」

在與eBay的競爭中，馬雲不僅做到了知彼，也做到了知己。他正視eBay的強大，也清醒地認識到淘寶的優勢所在，對此他有一個形象的比喻，「eBay是大海裏的鯊魚，淘寶則是長江裏的鱷魚，鱷魚在大海裏與鯊魚搏鬥，結果可想而知，我們要把鯊魚引到長江裏來……和海裏的鯊魚打，進了大海我們一定會死，但是在長江裏打，我們不一定會輸。」

正是基於知己知彼，馬雲才能在淘寶與eBay的競爭中游刃有餘地指揮操控，並自信滿滿地將其擊敗。

偉大的鬥士都不會隨便輕視他的對手。他們永遠都尊重自己的對手，因為他們知道，輕視對手等於自掘墳墓。所以在與對手對決之前，要做到「知彼」。馬雲告訴創業者們，在商場上不可以妄自尊大、目中無人，輕視對手的結果一定是失敗。

世界首富比爾・蓋茲和另一位創業家安迪・格拉夫可以說是歷史上最成功的兩個創業家，然而他們兩個也是最疑神疑鬼的人。不管他們的公司如何成功，市場佔有率有多少，他們上了多少次雜誌的封面，他們總是在考慮下一步的競爭。他們管理公司的方法好像明天就有人會擠垮他們似的，對同行業的任何對手，他們總是十分警覺。

商場如戰場，企業管理者一丁點兒的疏忽，都可能導致企業經營的窘境和企業的破產。作為一個有頭腦的經營者，不單單要具備商業的頭腦，還要學會在經商活動中正確地評估自己與對方，要做到不輕視任何一個競爭對手，以謹慎的心態對待每一次出擊，才能最後把勝券穩穩地操在手中。

成大事者，要在戰略上蔑視敵人，戰術上重視敵人。因為輕敵就等於為自己樹敵，在商場上，任何一個疏忽，都會造成企業一敗塗地。不論你的競爭對手現在對你來說是多麼微不足道，並不影響到你的發展，但是也不要忽視對方聚沙成塔的力量。

每個人都有自己的優勢，如果盲目自信，已昭示了你失敗的必然性。俗話說：「謙虛使人進步，驕傲使人落後。」這句話並不是老生常談。如果一個人太過於驕傲，不把其他人放在眼裏，就成了他最大的致命傷。驕傲容易使人過於自信，往往就會忽略很多細節。一旦一個人開始驕傲了，他也就開始鬆懈了，便會毫無招架能力。驕兵必敗就是此理。

企業要想在商場上順利通行，那麼就絕不能忽視身邊不時擋住你的「枝椏」，因爲順著「枝椏」看過去，你就會看到對手強勁的根基，這預示著終有一天它會成長爲你前方的「攔路虎」。因此，企業只有在思想上把自己放在一個劣勢的位置，才能免除「驕兵必敗」的危險。只有對事態的發展有一個客觀準確的認識，才能獲得成功。

5 永遠比競爭對手先行一步

有人說：如果說資金與資源是工業社會最重要的競爭要素，那麼時間優勢則是資訊時代最強大的競爭戰略武器。的確，在現今社會，參與創業的人在不斷增加，如果你選好了一個項目，不趕緊行動，若是被對手先行一步，你的成功機會就會大打折扣。

馬雲對市場的嗅覺是同行業內幾乎無人能比的，同樣，其實施計畫的速度也讓同行業爲之驚嘆。就拿馬雲迅速集資投資物流來說，當同行業的B2B網站大多還沉浸在老舊的模式中時，馬雲已經爲自己的商務網站開闢了一塊可靠的後臺。

抓住商機，對創業者來說很重要，那是決定創業者成敗的關鍵所在。然而，什麼是商機？並不是等到所有人都聽到了發令槍響才是商機。用馬雲的話說：「如果時機成熟，就輪不到我來做了。」相反，恰恰是大部分人都還處在「看不到」、「看不清」、「看不懂」的時候，才是最好的商機。

馬雲在創立阿里巴巴的時候，很多人並不相信一個見不到人的平臺能給人們帶來某種機會和誠信，然而，就在這時，馬雲推出了「誠信通」，這不僅解決了當時人們都在擔心的問題，也讓中國進入一個新的網路交易時代。

永遠比對手搶先一步，這樣才能先於對手搶佔空缺的市場。隨時對對手的存在產生危機感，這樣才能隨時進行自省，找出阻礙自己發展的缺陷所在。人們常說，弱者等待時機，強者創造時機。尤其是在這樣一個資訊時代，對創業者來說，時機就是商機，商機就意味著成功。

儘管大家所熟悉的諾基亞如今已經被收購，然而它曾經能夠多年保持手機行業龍頭老大的地位，與其快速的技術創新能力是密不可分的。諾基亞認為，要在激烈的市場競爭中生存下去，唯一途徑就是永遠走在別人前面，永遠比別人快一步。諾基亞不斷加速新品的開發，宣布每年都將拿出總營業額的百分之九用於研發新產品。目前，其新機型的開發週期平均縮短到不足三十五天，而業界平均需要半年，甚至更長。

與之相反，在中國手機市場變化越來越快，各大手機廠商紛紛加快新機推出的速度的時候，東芝手機推出新品的速度明顯太過緩慢，而這種緩慢使東芝手機錯失許多市場機會——儘管東芝是在中國最先推出低溫多晶矽手機螢幕、配備ＣＣＤ攝影鏡頭、實現視頻拍攝功能的手機，但高品質的產品根本挽救不了企業失去時間優勢所造成的被動局面，最後東芝只得被淘汰出局。

在現代市場活動中，「快」是一大特點。市場機遇來得快，消失得也快。消費者的需求變化快，競爭對手的崛起也快，這就要求企業必須資訊快、決策快、行銷快，歸根到底就是要求企業必須效率高，才能抓住市場機遇，掌握主動權。正如馬雲曾經說過的：「做互聯網好像衝浪，機會稍縱即逝，不能夠等浪高再衝，要隨浪而高，隨風而變。」

事實上，無論在哪個行業都是如此。如果沒有一種先入爲主的競爭激情，終究都會在競爭激烈的商戰中被淘汰出局。現代企業以市場需求爲核心，而市場又是瞬息萬變的。抓住機遇，爭取時間，就能因勢利導，化險爲夷，在競爭中取勝。

每一個企業都要善於從市場上捕捉商機，更要積極參與市場競爭，在市場上爭客戶、爭品質、爭效益。競爭的規律是市場經濟發展的必然規律和客觀要求。企業只有牢牢抓住這一機遇，快速行動，才能讓自己立於不敗之地。

6 第一天就要站在世界上

在建立阿里巴巴之初，馬雲就提出：「我們絕對是放眼世界的，真正做到打到全世界去。」時至今日，馬雲的目標終於實現了，他已經讓全世界的人見識到了阿里巴巴的神奇。

馬雲這個人很奇怪，他在創業的時候就想到自己以後走向世界時候的樣子，繼而又想到自己的企業在那個時候是什麼樣子，這似乎可以說他喜歡做白日夢，因爲誰都想讓自己的企業走向世界。但是馬雲不是這樣，他是在自己創立阿里巴巴的那一天，就已經把自己的企業定位爲國際企業了，並且還認爲自己的企業走向世界是很快的事。這並不是盲目自大。通過分析發現，這並不僅僅源自於馬雲對自己的遠見卓識的自信，也不僅僅源自於他對自己的企業模式的自信，而他這樣做似乎有一定的用意。

在二〇一三年下半年，阿里巴巴傳出要上市，不過因為上市計畫引入合夥人制度的消息而引發各種猜測。最終，馬雲以內部郵件形式首次披露了阿里的合夥人制度。他表示，阿里已經產生了廿八位合夥人，並要堅持合夥人制度。馬雲開始了與港交所的相互博弈，不斷有阿里巴巴去美國或倫敦上市的消息傳出。最新的消息是，港交所鬆口可以有例外。

其實，我們從阿里巴巴的機構設置中，就可以感受到它自始至終的國際化戰略。在剛剛建立阿里巴巴時，馬雲就把客户源定位在了國內和國外兩個價值鏈上：一頭是海外買家；一頭是中國供應商。

馬雲決定利用一切可以找到的機會，必須首先「搞定」國外市場，再來培養中國市場。

馬雲說：「我取名字叫『阿里巴巴』，不是為了中國，而是為了全球。我做淘寶，有一天也要打向全球。我們從一開始就不僅僅是為了賺錢，而是為了創建一家全球化的、可以做一〇二年的優秀公司。」

雖然最初創立阿里巴巴的時候，創業資本很少，但馬雲卻從創業資本中拿出一萬美元買回了阿里巴巴的功能變數名稱。他認準「阿里巴巴」這個名字可以跨越國界，流行全世界。

有了適合國際路線的名字之後，阿里巴巴就避開國內市場，直接進軍國際了。除了實行免費的政策，馬雲還不斷在歐洲和美國做演講。當時來聽他演講的人並不多，最慘的一次，馬雲在德國組織演講，一千五百個座位，結果只來了三個人，即使面對著三個人，馬雲也要滔滔不絕地講他的理論。

現在是一個全球化的社會，做生意自然要「放眼全球」，但是有很多企業僅僅把這四個字當成了在國內招商的噱頭，或者變成了一句空口號，沒有實際行動，那麼這四個字沒有其存在的意義。馬雲有自己的獨到的觀點，他認爲，把一個企業立足於世界，不光是給自己定下一個國際化的目標，還會讓自己的企業和員工擁有一個國際化的視角，包括外國先進的董事會制度、做事風格，甚至於外國企業對客戶體驗的重視，馬雲覺得這都是阿里巴巴應該重視和學習的。

另外，馬雲認爲，「真正做到打到全世界去」是一個積極向上的企業的一句良好的口號，可以不斷提醒著自己公司的發展方向。從一個企業的管理者的角度來說，眼光放長遠一點，是很有必要的。只有把眼光放長遠點，指定一個長遠的規劃和明確的奮鬥目標，才有奔頭，才有希望，也才有實現夢想的積極性。而且當你放眼去縱觀全局時，你的眼界才會更開闊，你事業的發展線才會更清晰。

古人云：「不謀萬世者，不足謀一時；不謀全局者，不足謀一域。」「第一天就站在世界上」，也可以理解爲用宏觀的思想來爲企業定下一個明確的目標和發展軌跡。用立足於世界的眼光來立足於世界，這會讓企業擁有國際化的眼光。如果能正確利用這一點，可以讓企業蓬勃發展。就如同一開始就打算立足世界的阿里巴巴。如果一個企業能認真研究這句話，並思索著怎麼去實現的話，「第一天就站在世界上」就有可能成爲這個企業的文化，並生生不息地存在下去。

[第十章]

欣賞對手，有競爭才有成長

1 永遠不說競爭對手的壞話

馬雲和他的團隊之間有個不成文的規定：「永遠不說競爭對手的壞話。」即便此時對手採用的是不正當競爭手段，馬雲依然會寬容對手，這不僅是其擁有俠客寬容胸懷的君子之風的體現，更是一種良好的商業素質。

弱肉強食、適者生存是商界既定的規矩，然而有些商家爲了丁點利益，往往與對手鬥得是頭破血流，更有甚者，有的還在對手背後進行惡意攻擊。這種充滿仇恨與憤怒的競爭狀態，往往只會讓企業名譽掃地。

阿里巴巴在發展初期聲譽最好的時候，網站的出口企業用户收到過一些匿名傳真，稱美國「國際反偽聯盟」已經把阿里巴巴定義為「世界各地假貨供應商和批發商彙集的地方」，這顯然是一次「被某些競爭對手公司幕後操控的不正當競爭行為」。

對匿名傳真的來路，阿里巴巴表示，目前已經掌握了一些證據，但是，阿里巴巴並沒有公開指出這一幕後黑手是誰。阿里巴巴的發言人金建杭表示：「我們認為任何企業在競爭中都應該遵守基本的商業準則，靠實力競爭，特別是作為國際企業，更應該尊重各個國家的政府及企業。阿里巴巴公司將用更好的為中國和全球企業的服務來證明自己的實力。」

阿里巴巴的這一聲明，讓業界再一次刮目相看。其實，早在營運初期，阿里巴巴就給自己制定了兩個鐵的規定：第一，永遠不給客户回扣，誰給回扣，一經查出，立即開除，避免客户對阿里巴巴失去信任；第二，永遠不說競爭對手的壞話，這涉及到一個公司的商業道德。馬雲堅持所有在阿里巴巴上網的商業資訊，都必須經過資訊編輯的人工篩選。

在激烈的商場競爭中，我們時常會見到一些企業爲了銷售自己的產品而不惜詆毀競爭對手。如果這只是企業中的銷售人員的個別行爲，企業不加以制止，那麼，很可能企業會敗在這樣的人手裏；而如果企業本身爲了在競爭對手當中凸顯優勢，盡可能地去貶低別人而抬高自己，這樣的企業即使能夠得意一時，也不會長久發展。

阿里巴巴從十八個人創業開始，一直能夠堅持著良好的競爭價值觀到現在，所以阿里巴巴能夠成爲互聯網中的老大。

阿里巴巴在創業之初，剛剛推出第一個網路頁面，就曾有一家杭州當地的網路公司授權模仿，但是對這種情況，馬雲只是一笑了之，並沒有深究。馬雲的寬容爲自己在江湖上獲得了很好的口碑。當阿里巴巴的B2B模式獲得巨大成功之後，作爲阿里巴巴國內最大競爭對手的一家公司再次模仿，馬雲依舊寬容處之，並沒有追究，同時還誠意邀請這家公司參加「西湖論劍」。

在市場經營中，企業應當通過提升自身產品品質、樹立企業良好聲譽等正當手段來提高企業的競爭力，而不能通過散佈虛僞事實，損害競爭對手信譽或對手商品聲譽，以達到排擠競爭對手的目的。這樣的做法一旦被顧客和同行所知，定然對企業今後的發展會有巨大的影響。

尤其是作爲一個企業的領導人，更要嚴格杜絕你的員工用「詆毀競爭對手而抬高自己」的方式來實現產品的銷售。當然，爲了提高自己的銷售率，我們大可以用其他方法，比如：你是一家初創的公司，而你的競爭對手是一家大型、穩健的公司。從你的研究中你知道，競爭對手的客戶服務功能不是很完善，往往以傲慢的態度對待客戶。相反，你的公司非常易於相處。在和顧客介紹自己的時候，你要盡可能地指出你的優點，讓客戶自己做比較，而不是直接去貶低競爭對手。

自由競爭是市場經濟的基本規則。競爭，本質上就是同行業經營者之間互相爭奪交易機會的行爲。在交易機會的爭奪過程中，失去交易機會的一方必然會受到損害，並最終出現優勝劣汰的局面。但經營者在競爭過程中必須遵守公平、誠實信用的原則，因爲惡意攻擊競爭對手就是告訴潛在客戶你充滿仇恨、憤怒，甚至可能是卑鄙的。

任何時候，企業都要有一個開闊的胸懷，在與競爭對手過招的時候，即使被別人打敗，也不要心存怨恨。如果你能將目標轉向認真研究對手的長處和自己的短處，確定自己有了實力後再來比試，那麼你同樣會受到對手的尊重。

2 我從來不跟張三李四比

馬雲曾經說過：「中國的很多公司，跑到一半的時候，跟左邊的人打幾下，再跑幾步，又跟右邊的人打幾下，疲於奔命。我說，要把時間花在客戶身上，花在服務上，而不要花在競爭對手身上。只要你今天比昨天好，明天比今天好，你就永遠衝在最前面。」真正的發展一定要基於使命感，這樣才能持久地進行。

對企業來講，商場上的競爭對手並不是唯一的、固定的。發令槍一響，是沒有時間去看對手是怎麼跑的，只能閉著眼睛往前衝。正因爲此，馬雲從來就不去跟周圍的人相比，而是卯足勁跟心中的那個自己賽跑。

二〇〇四年，當雅虎和新浪聯合成立「一拍網」，且採取的是與淘寶網相同的免費策略時，馬雲仍然認為這些不會給自己帶來壓力，能給自己帶來壓力的仍然是自己。

對於馬雲來説，沒有公司會對阿里巴巴構成威脅。中國市場上也許會有五十個和阿里巴巴相似的公司，但是只會有一個阿里巴巴。可以説以後C2C的競爭會更加激烈，也會更精彩，還會有新的市場進入者。競爭者越多，對領先者越有利，淘寶會繼續成為中國C

2C市場的領導者。

馬雲說：「我永遠在奔跑，從來不把自己同張三李四做比較。他們有他們的強項，我永遠學不了王志東、張朝陽和王峻濤，但他們也學不了我。我把網路比作馬拉松，上萬人在跑，才跑了五百米，旁邊的人撞了你一下，你以為他是對手，跟他競爭，結果另外的人衝上去了；再跑十公里，太陽出來了，你也跑累了，那時還跟著你的人或者已經衝到你前面，這個人才是你真正的對手。」

商場上永遠都充斥著競爭，在超越競爭對手的同時，企業也要明確一點，你是否超越了自己所定下的目標？儘管弄清楚競爭對手的情況，才能更好地方便自己在商場上行走。然而，如果丟失掉自己的初衷，並且一旦超越了對手就安於享樂，那麼自然也不會有任何進取。

馬雲曾經說過：「競爭是一種策略，要有智慧地去競爭。我經常跟廣東、浙江的企業探討一些問題，競爭市場是不需要用錢去打理的，用錢去競爭，一點技術含量都沒有。如果用錢就能競爭，那就不需要企業家了。競爭應該運用智慧。如果自己不想花錢，對方又有錢，怎麼辦呢？還不如由他花錢，思考怎麼樣讓他把錢多花一點。」

一個人最大的對手是自己，正因爲此，馬雲才能夠帶領阿里巴巴在無人開發的藍海中走了出來。而永遠拿未來的自己和現在的自己進行對比，馬雲才能夠在未知領域開拓出更多更新的東西，這從後來拓展出來的淘寶、支付寶以及阿里媽媽都可以看得出來。

二〇一〇年，搜房家居網對恆福利傢俱董事長梅春波進行了採訪。

記者：「有人說現在企業和企業之間的競爭已經不是單個的企業之間的競爭了，而是我們講到的生態鏈當中的競爭，就是你在這個生態鏈當中你走到哪一步？」

梅春波：「其實我個人認為，過去不是企業和企業之間的競爭。實際上，競爭是跟自己競爭。」

記者：「都不是，只是我們以前。」

梅春波：「以前也是，自己是自己的競爭對手。我是我的競爭對手，別人不是，自己是競爭對手，總得超越自己，不能被自己所捆綁，我們最大的競爭對手就是我們自己。實際上，一個成熟的企業，還是圍繞著自己的強項去做，這是很重要的。圍繞自己的強項去做，把它做強做大，可能做一個產品，可能做到全世界；可能就做茶几，可能做幾百個億。這個我覺得跟你未來的一個發展戰略、思想有直接的關係，貪大不行。」

馬雲說：「互聯網這兩年發生的變化很劇烈，大家看到互聯網三大門戶站點起來，要高度關注，也要高度關注我們的競爭。我以前從來不談競爭，到現在我還是一句話，最大的競爭者還是自己。如果阿里人不完善管理，不提高效率，不加強創業的精神，不把客戶的利益放在第一位，那麼，我覺得我們首先會輸給自己。」在馬雲看來，競爭最大的價值，不是戰勝對手，而是發展自己。

企業之間必然會有競爭，然而，死盯著競爭對手並不是企業生存的主要目的。企業一定要學會尋找自己的核心競爭力，並且拓展自己的能力，如果只是一味地將目光放在對手身上而忽略自身的發展，那麼必然也會得不償失。

3 只有雙贏才能走得長遠

很多企業的創業者，從創業開始，他們的腦海中就一直只存在一個念頭：如何才能打敗行業裏的對手。在他們心中，一個企業能否發展到一個相對高的位置，就是看是否打敗了和自己相當甚至是跑在自己前面的對手。

對此，馬雲卻有自己一套獨特的看法。他認爲，競爭一定存在。有人經常說，某某公司又要挑戰淘寶了，某某公司要打敗阿里巴巴，打敗我們的不是他們，而是我們自己頑固的思想。

馬雲強調說，幫助網商的成長是阿里巴巴的職責，「我們必須讓各類的網商知道，競爭是讓你完善和成長的東西，學會和競爭對手相處才是最厲害的。商場就猶如一個生態系統，這個系統的核心思想只有共贏。」

二〇一三年，物流業界都有著這樣一句傳言：馬雲一出手，必是大機會。物流這個「古老」的行業有望被「翻新」。

自從辭去阿里巴巴的CEO職位後，馬雲的「物流」計畫便被正式提上了日程。對馬雲這個「江湖高手」來說，不少物流業擔心的是馬雲的前瞻性眼光會影響到整個物流行業的發展，那麼那個時候，國內的物流公司將死掉一大片。然而馬雲卻十分大方地向物流業的各界人士表示，自己的「菜鳥」公司主要從事的是物聯網軟體技術開發及相關諮詢服務，並且致力於為國內物流公司打造一個更高效的平臺，因此有望與物流業的其他夥伴一起實現雙贏。

當然，馬雲也是說到做到，從確定「菜鳥」物流平臺的第一天開始，他就已經陸陸續續地與物流業的幾大資深物流老總逐一打過交道，並且已經確定了各自的合資股份，並表示要開發出一個更加便捷的物流平臺。

共贏意識是現代企業管理者最需要重視的經營合作方式之一。管理者們只要細心觀察就會發現，那些國際性的大企業，基本上都是通過合作的方式來實現利益增長的。而對那些正處在創業初期的企業來說，更需要依靠合作的方式，與合夥人在雙贏的基礎上，實現利潤均漲，爲企業的未來之路開創更廣闊的發展空間。

合作永遠能爲企業管理者們帶來「眾人拾柴火焰高」的局面。尤其是希望在商業競爭中取得更多利潤的企業管理者，以合作雙贏的方式來實現利潤均漲的目的，無疑都是最佳的選擇，雅虎和eBay美國的合作就是最佳的例子，正是因爲看到了未來全球互聯網的競爭格局和使用戶和企業的利益最大化的重要性，馬雲才積極地宣導和參與推進了這次的合作。

馬雲認爲，商場上沒有永遠的敵人，也沒有永遠的朋友。大家都是爲了自己的明天不停地前進，而誰能超過誰，不是最終的目的。當市場要求企業不斷加快創新速度，當全球化的壓力越來越大，短兵相接的競爭對手也可以在不損害各自的競爭優勢的前提下，結成戰略聯盟。

談及賓士與寶馬這兩大著名品牌，我們不難發現，幾乎賓士的每一個車系，都能在寶馬的陣營裏找到影子，但它們絕不會仿造雷同，它們在相互學習的過程中依然保持著自己慣有的風格。雖然在商業競爭中，有人試圖打破這種可怕的平衡，但是他們依然十分默契地共同守衛著豪華車的領地，抵禦第三者的入侵。

寶馬和賓士也曾在不同場合對公眾表明了自己的立場：在豪華車陣營裏，我們是最大的競爭對手，但一旦外敵入侵，我們就會自動結成攻守同盟。這就意味著「兩夫當關，萬夫莫開」，誰要是意圖撬開豪華車的門縫，都會遭遇到強烈反擊。

而在寶馬和賓士的競爭史中，我們也看不到價格戰的硝煙，因為它們都知道，堅守各自的競爭優勢來尋求差異化的品牌策略，才會進入良性競爭環境——大家好，才是真的好。所以我們看到，儘管這二者的定位和目標客户群高度重疊，它們卻沒有生產過任何一款同質化產品。「開寶馬，坐賓士」，這樣一個強調駕馭樂趣和乘坐舒適度的經典描述已然成為消費者心目中定型的品牌印象。

企業的發展，不是靠打擊對手成功的，而是靠踏踏實實做好自己企業的產品、行銷、企業管理，等等。當企業自身心有餘而力不足時，可以嘗試一下與對手雙贏。這樣一來，不僅能夠緩解企業自身壓力，而且還能讓雙方達到互利的局面，又何嘗不好呢？

打敗對手是很有成就感的事，而通過合作的方式來與對手一起共贏，才是真正的成功。管理者要清楚，無論你競爭的夥伴是誰，也無論你合作的方式是怎麼樣的，這種建立在資源分享的前提下的合作，始終是現代商業競爭中最有發展潛力的合作方式。

4 競爭是一種樂趣，會給你帶來快樂

互聯網之間的競爭是非常殘酷的，然而，馬雲並不怕競爭，他甚至喜歡競爭，並且善於競爭。他常常說：「你最怕蠻打的，一個拳師碰上一個蠻師，你也就不知道該怎麼辦了，對吧？一個拳師碰到另外一個頂尖高手的時候，大家才能互相成長。」

不過，馬雲也指出，在同對手競爭的過程中，最重要的是讓對手的心情變糟糕。正如「兩個高手之間下棋的時候，對方方寸一亂，你才有可能贏」，在馬雲眼中，競爭就是一種樂趣，彼此之間的角逐，才是一場最有趣的「賽事」。

二〇一三年五月，馬雲終於忍耐不住向著物流行業出手了。「菜鳥」三千億元的投資，讓物流行業其他企業既豔羨，又恐慌。他們羨慕如此重金投資，那又恐慌什麼？馬雲要在十年內打造一張能保障全國廿四小時配送，日配送兩億包裹（三百億元銷售額）的龐大的物流網。在物流業業界人士看來，似乎馬雲並不是要爭蛋糕，他是要端起整個爐灶。

馬雲並不怕競爭，他曾經說過：「我既要扔鞭炮，又要扔炸彈。扔鞭炮是為了吸引別人的注意，迷惑敵人，扔炸彈才是我真正的目的。不過，我可不會告訴你什麼時候扔的是鞭炮，什麼時候扔的是炸彈。遊戲就是要虛虛實實，這樣才開心。如果你在遊戲中感到很痛苦，那說明你的玩法選錯了。」馬雲認為，在競爭過程中，選擇好的競爭對手，然後最重要的是向競爭對手學習。進軍物流，也很顯然是馬雲另一番競爭樂趣的開啓。

二戰時期的英國首相邱吉爾曾經說過：「世界上沒有永恆的敵人，也沒有永恆的朋友，只有永恆的利益。」商場，在這個受利益驅動的龐大體系中則更是如此。任何聰明的企業管理者，他在行走商圈時都不會到處樹敵，因爲那是很愚蠢的行爲。畢竟在利益面前，商人沒有敵人。只要彼此的利益有相互交集的地方，即使曾經是敵人，也有足夠的理由讓彼此變成合作的好夥伴。

馬雲時常對周邊的人說：「我認爲選擇優秀的對手非常重要，但是不要選擇流氓當對手……如果你選擇一個優秀的對手，打著打著，打成流氓的時候你就贏了。所以當有人向你叫板的時候，你要首先判斷他是不是一個流氓，如果是，就放棄。」

儘管競爭是企業獲利必經的手段之一，但是如果企業覺得競爭是一種痛苦的折磨時，那麼企業的最初想法可能就弄錯了。每個企業在競爭的過程中都不應該感到痛苦，因爲競爭是一種給予。因此，在商圈中，有這樣一條規則：誰先生氣，誰先輸。

百度創始人李彥宏在榮獲「二〇一一中經年度關注人物獎」時表示，互聯網天生就是一個很受關注的產業，每一年都有非常多的有意思的事情發生，讓他至今都不捨得離開，並且樂享其中的競爭和挑戰。

與傳統行業相比，互聯網行業是公認的高速度發展、高強度競爭的領域。談及美國上市公司的很多創始人都已退休，李彥宏笑稱自己不會退休，不是不想讓機會給年輕人，而是「因為互聯網的戲劇性，使得你老覺得在這裏面很有意思」。時至今日，他仍然堅持每天到公司上班，「每天看用户的習慣在不停地變化」。在別人看來也許會覺得枯燥的東西，卻始終令他樂在其中。

李彥宏說，「我們做了很多很優秀的事情，但是沒有一件事情已經是完美到了不可再碰撞的程度。被挑戰的人往往會因此而完成一件非常有意義的事情。」

中歐國際工商學院名譽院長劉吉對「企業快樂競爭力」有過這樣一段評價：「快樂源自於自信，自信心是成功的競爭力；其次，快樂會產生效率，快樂產生創造力，也是一個競爭力；最後是快樂是一個企業文化，不是一下子想快樂就快樂，要有正確的企業文化建設。」

競爭是一種快樂，競爭是一種遊戲，競爭不是一個目的，創造財富才是你的目的，改變社會才是你的目的。面對競爭對手，各位企業管理者更應該清楚地明白自己的立場，更要以敞開的胸懷和眼光來看待強有力的對手，競爭自始至終都是你創業的魅力所在。沒有競爭的商業圈不僅沒有活力，而且還沒有意義。

馬雲曾經說過：「我希望到時候能看到一個百花齊放的景象。阿里巴巴爲其他公司提供了經驗、教訓和資源，其他公司發展起來了，也會給阿里巴巴帶來更多好處。」由此看來，企業要想真正讓自己得到提升，那麼首先就要將自己融入到良好的競爭環境中去。運用智慧去籌畫，你才能發現競爭中所蘊藏的「生機」所在。

5 善於選擇好的競爭對手並向他學習

馬雲曾經說過：「競爭者是你的磨刀石，會把你越磨越快，越磨越亮。」在馬雲看來，競爭最大的價值，不是戰敗對手，而是向競爭對手學習，發展自己。

在企業競爭中，選擇好的競爭對手，然後向競爭對手學習，會讓企業得到更好地成長。因爲在這種追逐和競技中，企業會發現自身實力的真正欠缺所在，從而進行彌補。優秀的競爭對手還能加強企業的危機意識，從而促使企業更加努力。

下面是馬雲在新加坡舉行的APEC中小企業峰會上談及對競爭對手的看法：

「在中國，人們總說，馬雲你太瘋狂了。四年前，我用望遠鏡來尋找競爭對手，但始終看不到對手。人們還會說，你怎麼能如此狂妄？我就告訴他們，我是在尋找榜樣。那麼為什麼我要這樣不斷地尋找競爭對手呢？因為競爭對手無所不在。」

「要讓你的競爭對手惱火，要讓他們暴跳如雷，這就是你們應該掌握的技巧。而不是讓自己暴跳如雷，經商原本就是很有趣的。」馬雲說，「如果我在與別人競爭時，被氣得發瘋，那就意味著，我犯錯了，我採用了錯誤的策略來應對競爭對手。

「在競爭中，不要刻意去惹怒競爭者，但如果他們生氣了，而且坐立不安，如果他們開始用錢來應付問題，那麼這些就是信號，表示你要贏了。當競爭對手開始用錢來與你競爭時，也就表示他們要輸了。」

在當今商戰的墓地裏，躺滿了這樣一些失敗者，他們或是逃避競爭、或是輕視競爭對手，他們被打敗以致消亡的一個重要原因，就是他們單方面地仇視對手，漠視競爭對手的長處，不願也不虛心向競爭對手學習。

人們常說「對手是你學習的榜樣」。但是，由於受「同行是冤家」、「對手即敵人」等觀念的影響，依舊有很多企業被仇恨心理所蒙蔽，陷入到自己製作的惡性競爭循環中去，最終在與他人的算計爭鬥中無法自拔。

其實，就像武俠小說裏所描寫的，一個有資質的人，總會在一次又一次的比武中得到一些非同尋常的頓悟，進而功力大增。而這個有資質的人，他的身上必然有這樣一種特質：善於選擇好的競爭對手並向他學習。這句話同樣也可以用到商場上的企業中去。競爭者往往能成爲最好的老師，而選擇優秀的競爭者也就顯得尤爲重要。

曾經，著名的摩托羅拉公司的銷售佔據了世界行動電話市場的七成以上。一位摩托羅拉公司的華人經過多年的研究，終於成功地研製出了行動電話中文字幕的技術。

當時，一家名為諾基亞的移動電話公司看到摩托羅拉公司的這個新發明，尤為感興趣，並且提出要購買這種中文字幕技術。由於當時諾基亞是一個小公司，摩托羅拉根本沒把這家市場佔有率不高的公司放在心上，輕而易舉地便將這一珍貴的技術出售給了諾基亞。

資訊時代飛速發展，幾年工夫，模擬機已經失去了市場，越來越多的數位手機佔有了行動電話的客户。雖然摩托羅拉及時轉換機型，迅速研製出適合最新市場要求的機型，然而由一家公司雄霸市場的日子已成為過去。新的公司成長起來，造成了移動電話三大公司三分天下的局面。而這三家移動電話公司中，除了老牌摩托羅拉外，還有一個後起之秀，也就是最終打敗摩托羅拉的諾基亞。

有些人，常常羨慕那些成功者，羨慕那些行業裏成熟的企業。其實，我們常常沒有注意到這一點，那些成功人士之所以能成功，他們憑藉的是什麼？他們的成熟是怎麼來的？

無論是一個企業，還是企業中的個人，都需要有競爭意識，這是一種非常積極的態度。然而我們學習的競爭對手，也是最直接，也是最能看到我們自身不足的學習榜樣。從競爭對手那裏學會競爭，在與競爭對手的比較中不斷完善和發展自己，就會發現「尺有所短，寸有所長」這個道理。

正如馬雲曾經說過的：「我希望到時候能看到一個百花齊放的景象。阿里巴巴爲其他公司提供了經驗教訓和資源，其他公司發展起來，也會給阿里巴巴帶來很多好處。在一個行業裏，一枝獨秀是不行的，也是危險的。中國的事情，凡是三足鼎立才能使一個行業發展起來，至少做大三家才有錢賺。一個很好的例子是ＴＯＭ進來了，三大門戶網站之間不打架了，爲什麼？因爲大家都成熟了，這個行業也漸漸成熟了。」

不要羨慕別人的成功，更不要鄙夷別人的失敗，每個企業都應該學會自己分析和總結現象背後的本質，找出別人失敗或者成功的原因，取其長，補己短，這樣才能不斷豐富自己，超越自我，獲得更大的成功。

6 給對手機會，就是給自己機會

二〇一三年一月十日，阿里巴巴宣布將對集團現有業務架構和組織進行調整，分拆成立廿五個事業部，具體事業部的業務發展將由各事業部總裁（總經理）負責。對這一系列大動作，馬雲說：「把大公司拆成小公司運營，我們給市場、給競爭者更多挑戰我們的機會，同樣是給我們自己機會。」

淘寶總裁孫彤宇曾經說過這樣一段話：

「小時候我考體育，跑百米時有一個非常深刻的體會。一開始不懂，兩個人兩個人地考，我就找一個比我差的人，我覺得我比他跑得快，感覺很爽。後來我發現不對，我要找一個比我跑得快的人，這樣兩個人一塊跑，我才會跑出比原來更好的成績。因爲他跑在我前面，我想要超過他，這是『陪跑員』的責任。我覺得對企業來說，這可能很自私。但如果身邊有一個跑得慢的人，你真的很爽，尤其是離得很遠了，你不斷地回頭去看，甚至還停下來朝他望望，有可能還點根菸抽抽。所以，我們要的是比我們跑得快的人。」

在馬雲看來，競爭就像是一塊磨刀石，能把自己越磨越快，越磨越亮。在競爭的過程中，選擇好的競爭對手，是有非常大的價值的。馬雲說：「對手死了，你一定活不好，一定需要有一個對手，才會發展得越來越好。」

二〇〇三年，eBay在全球C2C市場的實力以及對中國市場的窺視，使馬雲選擇了eBay作為競爭對手。在馬雲的眼裏，eBay顯然是一個非常好的競爭對手。當時，許多人都不太看好淘寶。但是在三年多之後，在馬雲的率領下，淘寶卻一舉打敗了資本雄厚的ebay。

在這之後，淘寶網在中國的電子商務市場上佔據了絕大多數的分額。這時候業界開始有人傳言，他們覺得馬雲要把所有的競爭對手趕出遊戲圈外，馬雲要開始壟斷中國的電子商務市場了。但是馬雲卻說：「這世界上永遠不要想壟斷，永遠不要做壟斷，也做不成壟斷。資訊時代，誰想做壟斷，誰就會倒楣。在一個行業裏，一枝獨秀是不行的，也是危險的。」馬雲認為，競爭並不一定是你死我活的事兒。電子商務行業的成熟是多個互聯網公司共同發展的結果，只有競爭才會有更快速的發展。

競爭是生存的前提。在大自然中，沒有天敵的動物往往最先被滅絕，有天敵的動物則會逐步繁衍壯大。因爲有了天敵的威脅，就必須時時警惕，並鍛煉出對付天敵的本領；而如果沒有天敵的威脅，則無意中放鬆了自己，久而久之，你生存的能力就會慢慢退化，一旦天敵降臨，就無以自衛，難逃滅亡的命運。

在商業競爭中，尤其是在一個還不成熟的行業中競爭，不要總是想著「天下無敵」，總想打敗所有的競爭對手。如果只是一味與競爭對手爭輸贏，而不顧市場平衡與發展，那麼，必將遭到市場的懲罰。

Beta是臺灣錄影機市場的兩大系統之一，另一個系統是ＪＶＣ公司的VHS系統。前者是臺灣新力公司的發明，一直在電子技術領域佔據重要位置。然而新力公司在發明Beta系統之後，一直想壟斷錄影機市場，不給對手機會，所以它堅持不肯將技術同對手共同分享。

新力公司壟斷技術的局面，在短時間裏確實造成了行業壟斷，給新力公司帶來巨大利潤。ＪＶＣ公司的VHS系統無法和新力公司相抗衡，在生產的品質上和技術上都明顯落後於對手新力公司。這種情況迫使ＪＶＣ公司下決心開發出新的系統，以打破新力公司的壟斷地位。

由於ＪＶＣ以公開技術的方式和其他的大公司合作，所以在它周圍立刻積聚起一支龐大的技術隊伍。世界其他電子公司的技術，ＪＶＣ公司也可以分享，因此世界上採取ＶＨＳ規格系統的公司越來越多，而與之相反，新力公司則固守在Beta的陣地上沾沾自喜。

結果沒過多久，ＪＶＣ公司的VHS系統就超過了Beta。這時候，新力公司才幡然醒悟，但是已經太遲了。ＪＶＣ公司因為與其他公司合作，在技術資源上已經不在新力公司之下。一步慢，步步慢，新力公司無奈之下，只好將巨額資金投入到廣告之中，但卻無法改變格局。新力公司的行為不但無法挽回它的敗局，反而越陷越深。一九八八年春天，新力公司承認了自己的失敗，宣布Beta系統不如ＶＨＳ系統，決定放棄自己固守的陣營，加入到對方的行列。

一個行業要想興盛，那麼就必須「百家爭鳴」，才能夠「百花齊放」。哈佛商學院邁克爾・波特教授說：「『競爭對手』的存在能夠增加整個產業的需求，且在此過程中企業的銷售額也會得到增加。」這也就是「競爭對手共同把蛋糕做大」的市場效應。而市場的擴大，使企業獲得的分額也相應地增大。

[第十一章]

善待員工，團結就是力量

1 好團隊是培養出來的，不是找到的

美國生物技術公司基因泰克ＩＴ部門的高管曾經注意到，有許多企業往往不惜重金評估人才，卻捨不得花錢培養人才。這不僅僅是許多公司管理人員的一個「通病」，更是大多公司在未來發展中所需要彌補的一個漏洞所在。

企業要發展，定然離不開人才。然而，企業只有抓好員工的教育培訓，拓寬選才視野，捨得花錢培養人才，這樣才能形成凝聚人才的「磁場」。正所謂「捨不得孩子套不住狼」，如果企業總是「重財而不重才」，那麼企業定然不能發展長久。

培養一名有用的人才需要很長的一段時間，而多數中小型的企業總認爲花錢培養人才是時間長、見效慢的事，因此總是急功近利。事實上，企業只有懂得留住人才，捨得培養人才，才能更好地利用人才，拉大和競爭對手的差距。

當然，有了一個佈滿人才的團隊，還要有一個善於培養團隊的領導人才行。在有些企業裏，一些團隊負責人只喜歡制定規劃但卻不擅長教導員工如何去把這個規劃付諸實施。紙面上的規劃藍圖很漂亮，但是如果站在企業家的立場就會明白——想到不代表員工能做到，做到也不代表做好，做好不代表能夠盈利。

馬雲認爲，任何人才都是可以「培養」出來的。什麼是「培」？「培」就是要多關注他。但也不能天天去關注，因爲一棵樹，水多了死，水少了也死。如何關注也是藝術。什麼是「養」？就是給他失敗的機會，給他成功的機會，你要看著，不能讓他傷筋動骨，不能讓他一輩子喘不過氣來。

事實上，成爲一個富於理想，善於構思美好願景的團隊領導不是一件難事。難的是如何能夠聚攏人心，將自己的能力和經驗悉數教導給部下員工，讓他們與自己一起在現實中成長起來。

馬雲曾經說過：「不能盲目作戰，要知道如何去進攻，從哪裡去突破，如何去訓練組織自己的隊伍。」二〇〇二年，馬雲爲了擴大自己的團隊，在「西子湖畔屯兵」，在那裏訓練人馬，訓練團隊，瞭解客戶，瞭解市場。這一年，阿里巴巴的員工達到了一千三百名。

企業要想帶領一支優秀的「常勝軍」，那麼就一定不能吝嗇自己的時間與錢財。多看看長遠利益，多用些心思在培訓與管理員工上，你會發現，企業將來的收益，將要比花在員工身上的投資大得多。

2 不找懂行業的人，只找愛行業的人

馬雲成功之後，有很多人在網上表揚他，然而馬雲卻坦誠道，我真的不厲害，我真的不懂互聯網。對不懂任何網路技術的馬雲來說，能夠將阿里巴巴拓展到如今這麼大，憑的正是他那份愛鑽研的心。

一個團隊是否能夠有活力，關鍵在於團隊中的每個人是否真正喜歡手頭上的工作。如果員工只是盲目應付，那麼必然不會付出全力，這樣一來團隊定然就會喪失掉活力。由此看來，「愛行業」比「懂行業」所積蓄的力量大得多。

一個人熱愛自己的工作，才會專心於工作，才會成爲本單位和本崗位的行家裏手。如果一個團隊能夠吸收這樣的人才，那麼必然就會爲企業添加一股正氣與助力，能夠爲企業帶來更多激情。

然而，觀看如今不少企業，大凡招收的員工都是對本行業十分精通之人。員工精通行業，的確能夠讓企業降低成本，但是是否能夠真正創造出價值，還是得另當別論。畢竟，「精通」與「創造價值」是無法對等的，如果員工不將自己的這份「精通之力」用在工作中，那麼企業也是無法收穫任何實用價值的。

團隊需要激情，而能夠帶動起團隊激情的這些人，必然是對本行業有著有別於常人的專心與熱愛之心的人。這樣的人，哪怕可能比精通本行業的人少一些經驗，然而他們的熱情會化作奮發努力，最終做出來的結果往往會大於那些「精通人士」。

蘋果公司在短短幾年內就發展成為一個能與ＩＢＭ具有同等競爭力的電腦公司。在蘋果公司剛成立的時候，他們的團隊雖小，但是每個年輕人都有獨當一面的能力，也正是因為有了這樣一支富於創新精神的年輕人的精英團隊，才有了第一台個人電腦的問世，並且給整個電子行業都帶來了革命性的巨變。在賈伯斯的帶領下，一個年輕的蘋果團隊充滿了活力和創新思維。

賈伯斯之所以選擇這些有想法、有技術的年輕人作為自己的團隊成員，是因為他相信這些年輕人可以成為他各種構想的實踐者。他們都希望有機會創造出了不起的電腦產品，並希望在從事的工作中做出偉大的成績，他們堅信賈伯斯的眼光，因此他們與賈伯斯精誠合作，共同創造高水準的產品。

如果一個人每天都是抱著混飯吃的態度對待自己的工作，那麼，工作對他來說，便是一種負擔、是一種痛苦。要麼他遲早放棄工作，要麼工作遲早會拋棄他。即便他是這行業的精英，他的未來之路也最終會被自己的無所事事所消磨掉。

一個企業要想擁有一個完美的團隊，那麼就一定要摒棄掉一些偏執。只有這樣，才能找到真正適合自己團隊的人。俗話說得好，愛一行，幹一行，成功一行。如果一個人本身對自己的行業就抱著心愛的態度，定然會無比「呵護」自己的工作。

事實上，只有員工將心思全部用在工作上，才能促進團隊合作，爲企業帶來效益。如果員工總是機械盲目地在自己精通的那一點領域裏面操勞，這對企業來說，也是沒有任何益處的。好的員工，真心愛自己工作的員工，他們會想方設法地去創造最大的利益，這種熱情會讓他們在自己的崗位上做出更多的創新與突破，爲企業帶來更多的效益。因此，一個團隊的最大效益並不是源自於那些「精通」之人，而是「專心」之士。企業要想尋得「千里馬」，就要真正將眼界打開。

3 員工創造價值，他們才是最大的財富

創業不是一個人的事情，就算再叱吒風雲的人物，在一些事情面前也會有手足無措的時候，團隊的力量在這時就顯得特別重要。比爾・蓋茲說：「團隊合作是企業成功的保證，不重視團隊合作的企業是無法取得成功的。」

阿里巴巴不是馬雲一個人創辦起來的，而是馬雲和他的團隊一同經歷了苦難，走過了一段艱辛的路程，才迎來了今天的曙光。每當提起創業初期的事，馬雲依然很感動：「阿里巴巴可以沒有我，但不能沒有這個團隊。多年來，各種各樣的壓力很多很多，但是每次團隊都給了我很大的勇氣、很多鼓勵。」

馬雲在很多場合下都對人講過「十八羅漢」隨他回杭州創辦阿里巴巴的經過。

那時，每個人沒有高額的工資，有的只是大額的工作量。做客服的女孩子們經常要討論、交流工作，而工程師則需要安靜的環境。為了能夠靜下心來思考，這些工程師們把自己關在一間小屋裏，與世隔絕，並儘量和客服部的女孩子們錯開工作時間，選擇每天晚上十點到凌晨四點工作。加班加得晚了，這群人索性在會議室裏打地鋪，第二天起來繼續幹。其他同事早上到公司時，常會看到一大堆男人們倒在地板上鼾聲如雷的景象。

「雖然你是創辦人、是股東，但公司也可以不聘請你。如果你業績不佳，也不一定能在管理崗位上做下去。當然你可以享受投資回報。」雖然在阿里巴巴成立之初，馬雲對團隊成員說過這樣的話，但是沒有一個人是因為想要被聘用才努力工作的。這些人奮鬥的目標只有一個，就是和馬雲一樣，要在一家中國人創辦的全世界最好的公司裏做事。

馬雲感嘆：「阿里巴巴創業的時候，十八個人，在杭州湖畔花園，儘量地吵，儘量地鬧。有時候吵架也是一種緣分，鬧更是一種緣分。我們是一個團隊，大家互相交流、溝通，這是很大的緣分。」

馬雲曾經深感團隊的重要性，他認爲沒有阿里巴巴的團隊，就沒有阿里巴巴的成功。不管在什麼時候，馬雲都堅持這樣的觀點：「我是個非常幸運的人，沒有他們就沒有阿里巴巴；而沒有我的話，還會有另一個阿里巴巴。我們一定能成功。就算阿里巴巴失敗了，只要這幫人還在，想做什麼就一定能成功！我們可以輸掉一種產品、一個專案，但不會輸掉一支團隊。」

若想成功，沒有一個好團隊是不行的。但組建一個好團隊，卻又是困難的。馬雲給出的建議是，在創業初期，不要把一些成功者聚集在一起，尤其是那種三四十歲就已經功成名就的人，和那樣的人合作會非常困難。

實際上，企業的價值往往正是由員工去體現的。員工如果能把自己工作的地方看做是豐富自己人生、提升能力、成就自我、實現個人價值的地方，那麼就一定會做出相當大的努力來達成目標，員工一旦實現了自我價值，那麼企業的價值必然會上升，可以說，員工就是企業最大的財富。

阿里巴巴是一支「夢之隊」，團隊裏的每一個人都明白要往哪裡走，應該如何做。馬雲認爲，在創業前，創業者要讓每一個隊員都明白自己的理想，並讓他們贊同這個理想，而不是單純爲了給他們發工資。他告訴創業者：「一個人打天下永遠不行，因爲你沒這個能力，打天下要靠整個團隊。找這些團隊成員，不要他們爲你工作，你要告訴他們你的理想是什麼。『這是我的夢，你願不願意跟我一起實現。我現在是一個瘋子，你願意就跟我走，不願意就不要跟我走』。」

商場中總有一些小企業老闆，以為只要自己有能力、有資金、有技術，一個人單槍匹馬就可以闖出一番天地。馬雲勸告這些人：「不要妄想一手遮天，在現在的社會中，抱團才能打天下。」阿里巴巴的成功離不開團隊的努力。對每一位創業者而言，擁有一支好團隊，才能戰無不勝、攻無不克。

4 文化治心就是最大的管理

如果將企業看作是一個有機體，其實它也會「患病」。因為它每天的工作都是在處理一個個大問題、一個個小衝突和一點點精神創傷。那麼如何才能對其進行有效治療呢？按照馬雲的說法，文化治心就是最好的一劑良藥。

馬雲在管理阿里巴巴時，最大的一個特色便是富有人情味。在阿里，馬雲所定的制度是不容爭辯的需要遵照執行的事實，但是「法律不外乎人情」也是馬雲時常在公司所強調的。管理員工，讓團隊更加有活力，就必須得多添加幾分「人情味」。

文化治心，堅信文化是企業的靈魂。也講企業盈利和股東利益，但講得最多的還是使命感和價值觀。馬雲在阿里的時候是十分信奉「管人先管心」的，他堅持用文化統一人心，統一思想：「中國的企業裏面，如果沒有共同的目標、共同的使命感、共同的價值觀不行。大家統一目標，力量才會朝著一個地方用。」

在馬雲眼裏，文化治心就是最大的管理。同時還要制度治人，因爲文化的貫徹要用制度做保證。再有理想和激情的團隊，也得有規章制度約束。儘管阿里巴巴的績效考核制度有嚴格的指標，阿里巴巴的末位淘汰制度執行起來也很殘酷，但是在推行如此嚴格科學的管理制度的同時，馬雲也沒忘了人性化管理，畢竟是爲了更好地使員工認同阿里巴巴的價值觀。人性化培訓是阿里巴巴灌輸給員工文化價值的重要管道，也是實現現代管理制度的有力武器。正是依靠這種人性化管理，阿里巴巴才化解了企業擴張時的管理危機。

企業中正在發生的很多問題，都與人的心理疾患有某些共同之處：例如企業內部各部門之間不能協調合作，對應身心功能紊亂；企業發展到一定規模後對未來的不確定，對應人對未來的焦慮；企業由於被過多與企業發展無關的事物分散注意力而發展停滯，對應人的抑鬱症特徵，等等。

這些企業內部出現的人與人之間的問題，正說明了公司管理上的某些欠缺。公司要發展，就一定要先穩定人心，這樣才能促使員工更加團結與合作。畢竟，團隊合作的制約因素是公司的管理制度，如若團隊出現問題，那麼企業一定要重審自己的制度是否合理了。

用文化來調節公司團隊的內部矛盾，很顯然是一場「無煙之戰」，這種方法不僅能夠避免公司與員工起正面衝突，而且合理的人性化管理也會讓員工感覺到舒心，這樣員工工作起來也就會更加賣力，而團隊之間的合作效率也會提升。

企業管理從人性出發，從員工的「心」開始治療，那麼就一定能夠讓員工懂得感恩。畢竟沒有一個員工喜歡待在一個沒有任何人情味的公司裏。在嚴肅的管理制度下，要想讓員工更加活躍，企業就一定要學會理解員工的心理發展。

企業要持續強大，需靠三「治」：人治靠能人，法治靠制度，心治靠文化。一個企業如果單靠人治，也許規模小的時候還沒有問題，但是如果當這個企業越做越大的時候，就必須打造出一種具有強大凝聚力的企業文化，並通過有效的制度，把它貫徹到底，即「精於術而以道爲本，守於道而以術禦事」。

開拓文化治心，會讓企業收穫一個高效團隊，而且還能幫助員工樹立起更加正確的企業理念，這對籠絡人心，提高員工的工作積極性都會起到一定的推動性。

5 制度治人，淘汰「野狗」

在阿里，有一種人把自己的業務做得很好，但是沒有組織紀律和團隊精神，這種人被定義爲「野狗」；還有一種人，他們的業務能力可能並不強，但是卻有組織，有紀律，恪守公司原則，這類人被定義爲「小白兔」。

一般來講，大多數企業在選拔人才的時候，都會把業績放在第一位，尤其是對那些能夠爲企業直接創造價值的員工，即使他們是「野狗」，往往也會對他們厚愛有加，這類企業是唯業績是從。而在馬雲的思維裏，對「野狗」，無論其業績多好，都要堅決清除；「小白兔」會被逐漸淘汰掉；只有「獵犬」，才是阿里巴巴需要的人才。

> 曾經有人向馬雲提問道：「馬雲先生在演講中提到了企業在發展中一定要學會以人為本，那麼，請問，您在您自己的公司中又是如何貫徹這個『以人為本』的？」
>
> 馬雲如此回答：「我們的要求就是，第一，要使公司成為市場上消費者最滿意的公司；第二，要使公司成為企業內員工最滿意的、願意加入的公司。阿里巴巴有這樣的一個用人準則：『二七一法則』。」

「所謂『二七一法則』，就是：百分之二十的員工成為企業明星，百分之七十的員工是中堅力量，百分之十的員工堅決裁撤。那麼確定這個劃分的準則是什麼呢？第一是員工對企業的價值觀；第二是員工與身邊同事之間的交流溝通力。有一種人是在價值觀上特別滿意的，但是在第二個方面卻存在差距，我們把這種人才稱為『野狗』，他們只有戰略性的高度卻沒有踏踏實實的作風；第二類人是在第二個方面做得很好，能和同事搞成『一家親』的，但是在高度上、執行上卻一塌糊塗，這種人我們稱為『小白兔』，這兩種人都要劃在要裁撤的百分之十裏邊。」

在阿里巴巴，曾經有個員工的銷售能力很強，但就是因爲他改變了銷售數字，也被公司辭掉了。用馬雲的話說，雖然「『殺』他時是很痛的，但是你還得殺掉他，因爲這些人沒有用，他對團隊造成的傷害是非常大的」，所以，對觸犯了「六脈神劍（客戶第一、團隊合作、擁抱變化、激情、誠信、敬業）」的員工，無論其業績多好，都要堅決清除。

俗話說得好，一顆老鼠屎壞掉一鍋粥。在一個企業中，即便有的員工的成績很突出，但是如果他總是忽視企業紀律，無視企業規矩，定然也會給他人帶來一些影響。如果企業縱容這類人的存在，時間一久，整個團隊就會變得毫無組織紀律。

企業制定制度的目的就在於方便管理，如果設置的制度形同虛設，那麼員工工作起來就會顯得毫無幹勁，甚至有時候因爲沒有約束，因此在企業裏可能就會「肆無忌憚」。試想，一個毫無規章制度的企業，怎麼能夠帶領大家向前衝呢？一個在下屬面前都「有理說不清」的領導，又怎麼能給員工樹立起一個「標兵」的形象呢？

當然，企業要想規劃好團隊建設，那麼首先就要將潛伏在團隊中的這一顆「老鼠屎」給清理掉。然而清理掉「老鼠屎」之後，還要爲團隊注入更加優秀的人員。那麼對馬雲來說，能成爲優秀的獵犬型人才的條件到底是什麼呢？

首先，在一個企業中，員工如果自始至終都能保持誠信與熱情的態度，那麼這個員工就有可取之處。馬雲認爲這種品質之所以重要，是因爲它對一個人來說「有就是有，沒有就是沒有」，而「沒有」是很難培養的。

其次，樂觀上進，健康積極，並且在工作中富有朝氣，在各種競爭中都能充滿激情，且渴望成功。這樣的員工具備較好的專業素養，並且能夠適應環境變化，善於溝通合作。

最後，員工要富有學習的能力和好學的精神。

當然，馬雲認爲，阿里巴巴除了需要「準獵犬」型人才，也絕不拒絕有潛力成爲「獵犬」型人才的人。在他看來，這類人才經過一段時間的培訓是可以達到阿里巴巴的要求的。所以，馬雲一直以來都非常注重員工培訓，他在人才培訓上面捨得花大力氣，也捨得花錢。

在用人上，馬雲有自己的判斷、自己的標準，但前提都是出於對企業負責，爲公司未來發展考慮。所以如果你不是他需要的人才，他就一定不會選擇你，而一旦選擇了你，就會不遺餘力地培養你。

總之，每一個管理者都應該依事論才，按需任才，對企業中那些不良的「雜草」，要及時拔除，這樣才能有助於其他「麥苗」更好地成長。

6 併購整合，相互尊重和理解

在馬雲看來，做企業和做人是一樣的，道理相同。做人要做好人，做企業是做好事業，大家都是奔著一個共同目標而去，這中途出了什麼差錯，互相之間都要尊重和理解。構成企業這個大家庭的是員工，如果員工當中出現了對企業的不理解，那麼定然就會給企業帶來損失。公司是各種利益體和利益方面的表現方式最明顯的地方，如果想要去平衡企業與員工各方面的利益關係，那麼最基本的原則就是與員工相互信任和相互尊重。

馬雲曾經在一次演講中發自肺腑地表達了自己與阿里人奮鬥多年一直保持的那種初衷所在，更表達了自己對阿里人的贊同：「十年來，阿里巴巴很幸運，一直走到現在。為什麼我們可以，很多企業卻做不到？不是因為我們聰明，而是我們的員工在不斷學習、不斷挑戰自己，他們永遠在陽光燦爛的時候修理屋頂。現在經濟有所復蘇，如果這個時候你不進行調整，最後只會摔下來。」

「阿里巴巴的發展吻合了新商業文明的特徵——開放、分享、責任、全球化。『開放』是所有企業家都要有的一種胸懷，包括併購。我們併購了雅虎中國，最初極其痛苦，面臨文化問題、人才問題等一大堆問題。儘管有人覺得雅虎中國好像沒怎麼恢復，但我從不後悔。我悟出一個道理：以前的收購是『為我所用』，今天是『為他所用』。企業沒有大與小、國有與非國有的區別，只有是否誠信的區別。同樣，企業沒有收購與被收購的區別，只有在夢想上的區別。假如你的夢想比我的夢想好，我支持你；假如我的夢想比你的夢想好，那麼我們是不是一起來實現這個夢想？所以，『開放』表現在收購上，應該是互相尊重和理解。五年後，我將和大家分享雅虎整合的細節。」

如果每一個企業都十分相信員工會積極地去努力工作，做好自己應該做的本職工作，員工也相信企業會給員工提供良好的施展才華的平臺，會合理公平地支付薪資報酬，那麼企業與員工之間的關係就會更加牢靠。

因爲尊重與理解往往就是構成企業與員工之間和諧關係的紐帶，正是因爲企業尊重和理解員工，能夠給予員工相應的報酬，員工才會用同樣的勞動力去回報企業，尊重企業。當然，有時候一些企業可能因爲一些主客觀原因而要進行內部調整，如果企業能夠用站在員工角度的心理去考慮員工的感受，讓內部整理和併購所帶給員工的損失減到最小，那麼員工也不會對企業產生誤解和干擾。

公司的長期發展與員工的職業生涯發展，相互信任和理解非常重要，如果公司與員工相互之間連最起碼的信任度都不存在，那麼公司的工作肯定就無法開展。相互信任的基礎是互相尊重，如果公司與員工彼此能相互信任，那麼公司就能夠健康長效發展。

全球酒店大亨、希爾頓集團的創始人康拉德．希爾頓對下屬員工一直都講求尊重與理解，也因此，老希爾頓對每位下屬都很信任，他放手讓下屬們在職務範圍中發揮聰明才智，大膽負責地工作。而一旦這些下屬們犯了錯誤，他的做法就是把他們單獨叫到自己的辦公室裏，先安慰他們一番。他說的最多的一句話就是：「當年我在工作中犯過更大的錯誤，你這點小錯誤算不了什麼，凡是幹工作的人都難免會出錯。」在下屬情緒穩定之後，他再客觀地幫助他們分析錯誤的原因，並一同研究解決的辦法。

老希爾頓之所以能夠對下屬犯下的錯誤採取如此寬容的態度，是因為他知道，只要一個組織內部的高層領導，比如公司裏的總經理或者董事長的決策在方向上是正確的，那麼那些基層員工犯些小錯誤就不會影響到整個組織的發展。反而如果領導者一味指責員工的錯誤，更可能會打擊到犯錯誤員工的積極性，從根本上動搖企業的根基。我們可以猜測一下，也許正是希爾頓這樣豁達的處世原則，才使得希爾頓集團的全部管理人員都願意為他奔波效命，他們才會對工作兢兢業業，認真負責，希爾頓集團也才有了如此輝煌的成就。

哲學家威廉·詹姆士曾經說過：「潛藏在人們內心深處的最深層次的動力，是想被人承認、想受人尊重的欲望。」企業尊敬員工，也就等同於滿足員工此方面的欲望。人人都需要尊重，人人都能從尊重中得到激勵。企業尊敬員工，員工便會尊敬企業以及他在工作中的職責。

當然，在企業管理中，基層員工更是企業的「第二心臟」，他們身處工作崗位的第一線，他們的工作心態尤其需要來自高層的認同和尊重。畢竟，基層不牢，地動山搖，基層員工作爲企業持續發展的動力和基礎，他們必須得到應有的尊重和理解。

公司管理者和員工之間的相處應當是和睦的，人和心爲靜，在這種氛圍之下，企業才能與員工心連心，共同分析問題的癥結，集思廣議，拿出合理的方案去克服共同困難，解決所遇到的一切事情。如果企業總是按著自己的思維一意孤行，不考慮員工的心態和特徵，那麼企業的工作環境就會變得非常惡劣，很多工作就無法順利地開展，從而達不到企業所制定的各項工作任務目標。這樣，企業的發展、價值體現、收入增長就都會受到影響。

7 凝聚優勢企業，打造優秀團隊

俗話說，一根筷子易折斷，十雙筷子抱成團。在今天，激烈而且殘酷的競爭充斥著每個商業角落。因此，一個人要想靠自己單槍匹馬做點什麼，實在不是一件容易的事。即使你深諳經營之道，但是總會顧此失彼。因此，要想在商業界做出點成績，找一個合作夥伴還是非常有必要的。

然而，到底怎麼找，或者找一個什麼樣的合作夥伴？馬雲認為：「創業要找最合適的人而不是最優秀的人。」找到合適的人，才能凝聚優秀人才，打造出一支戰無不勝、攻無不克的優秀團隊。

眾所周知，馬雲創造了互聯網的許多奇蹟，建立了一個世界上最大的電子商務網站。但是這並不是馬雲最得意的地方，馬雲最得意的是他的團隊，是他的用人之道。馬雲把用人看得比融資找錢還要重要。

事實上，要想提升團隊凝聚力，打造一個高績效的團隊，最終還是要把企業目標和個人目標結合起來。所以一個企業，尤其是民營企業小老闆，如果不能將企業目標大到與社會，小到同團隊成員目標有效結合起來，企業就很難找到強有力的理論基礎和團隊發展動力。

馬雲本人很認同「等到事業達到一定程度的時候，再請一些成功人才充實團隊」。馬雲這樣考慮的原因是：這些沒有成功卻渴望成功的人，不僅學習能力很強，工作激情也很大，也容易接受別人給他的意見，所以是創業合作最合適的人。

企業的領導者總希望自己招收到的人才是最好的。其實有時候，最好的人才並不是最適合自己的，身爲老闆的人有必要反省一下自己在對待人才中存在的問題。

例如，有的創業者帶領公司越做越大，有的創業者卻使公司奄奄一息，其中一個原因就在於他們是否使用了最合適的團隊。一些公司所認定的員工可能並不一定適合自己的公司。而人才一旦不能夠適應自己的公司，是不能夠發揮出應有作用的。

企業中的團隊對企業來說就像鞋子，太小了夾腳，太大了會掉，只有尺寸合適，才會讓穿的人感到合適。最合適的人才就是最好的。而馬雲正是堅持「創業要找最合適的人」的原則，所以才打造出了一支執行力非常強的團隊。阿里巴巴團隊中高手雲集、人才濟濟，他們目標一樣、夢想一樣、激情一樣，也就成爲馬雲無往而不勝的中堅力量。

第十二章
品牌建設，行銷推廣擴大知名度

1 創建品牌獨特門面——「logo行銷」

每個產品在被正式推出陳列市場之前，都會相應的有一個頗具代表意義的logo標誌。這不僅是產品品牌的一種象徵，更是企業創建品牌的獨特門面。而logo的圖案做得越精緻，便越能在消費者心中留下深刻烙印。

馬雲淘寶下的天貓平臺就有一個十分亮眼的logo圖示，不僅與其網路功能變數名稱相呼應，而且因爲其圖案的新穎別致，還引來了一大批網友的爭相討論。使得logo還未正式搬上天貓，天貓的名號便一夜之間被眾人知曉。

二〇一二年一月十一日，淘寶商城正式宣布更名為「天貓」，而面向全球徵集天貓logo，經過兩個多月的篩選，天貓的全新logo形象終於出爐了，不過令網友大跌眼鏡的是，這個logo既不時尚也不性感。網友「郝惠惠」認為它就像五金店裏的扳手。不少網友認為它是馬雲的化身，「眼睛大，頭大，身子小」。

在天貓新logo發佈會上，阿里巴巴集團副總裁王帥也笑稱新logo長得像馬雲，並表示：「這就是互聯網，你想它是什麼，它就是什麼，只要你喜歡！」隨後，天貓公關部相關負責人稱，天貓logo是黑白相間的，寓意：引用網友的一句話說就是「不管白貓、黑貓，能服務好消費者的，都是好貓」。該負責人還透露，天貓logo的設計靈感其實來源於人民幣上的跪拜貓。「跪拜貓在網上很火，很多網友都很喜歡，於是，我們就推選了以跪拜貓形象創作的logo」。馬雲利用「天貓」，再次賺足了人們的眼球，同時也印證了企業logo行銷的重要。

每個品牌都有一個具有代表性的符號，象徵著企業的身分。消費者對一個品牌的迷戀，不僅僅是因爲它的風格與工藝，更是因爲它的每一個細節，或許單單是標誌性的logo，就可以讓消費者爲之青睞。以logo爲設計理念的單品，將logo的原型完美複製，讓人一眼就可以辨別出它的名字，將每一種品牌的生命性標識作爲美麗的宣洩，張揚地訴說著它的身分。

如今，一個簡單的logo更是承載著企業的無形資產，是企業綜合資訊傳遞的媒介。在企業形象的傳遞過程中，logo也是應用最廣泛，出現頻率最高，同時也是最關鍵的元素。企業強大的整體實力、完善的管理機制、優質的產品和服務，都被涵蓋於logo中，通過不斷地刺激和反覆刻畫，深深地留在受眾心中。

如今的蘋果logo不僅在世界上成為獨一無二的「上帝之作」，更讓賈伯斯紅透了全球。然而，儘管幾乎每一本關於標識、品牌的書都會寫到蘋果電腦的logo，但是蘋果公司最早的logo，恐怕今天已經沒有幾個人知道了。

事實上，當年蘋果的第一個logo是牛頓坐在蘋果樹下讀書的一個圖案，上下有飄帶纏繞，外框上還用了英國詩人William Wordsworth的短詩。這個logo，充滿了人文和人性。

不過，這個商標只用了很短的時間，賈伯斯嫌它太複雜，不容易複製傳播，於是，他重請設計師設計了一個更好的商標：一個被咬過一口的蘋果。

正是這個充滿樂趣的被咬了一口的蘋果，迅速成為市場上那些崇尚個性的消費者的首選，這個俏皮的logo與英代爾組合下的一本正經的PC機陣營形成了鮮明的對比，使用者們甚至通過這個logo尋找與自己抱有同樣價值觀的人。

二〇〇三年，蘋果又進行了標識更換，將原有的彩色蘋果換成了一個半透明的、泛著金屬光澤的銀灰色logo。新的標識顯得更為立體、時尚和酷，更符合蘋果旗下的兩個具有重要影響力的產品itunes和iPad，因為這兩個產品針對的主要是年輕一代消費者，更符合他們的審美和創新的感覺。

隨著企業對品牌建設的愈發重視，已經有很多企業通過改變企業logo來塑造和強化自己在中國乃至國際上的品牌形象，傳遞自己的核心價值。比如早前華爲集團在改變logo後表示，這個舉動，並不意味著市場策略的轉變，是「重新思考了公司的品牌核心價值」所做出的決定，「新標要表達的是華爲持續爲客戶創造長期價值的核心理念」。

事實上，品牌logo最本質的一個作用就是形象識別，讓受眾在認識logo時認識這個品牌，所以這個形象必須與品牌的核心價值相一致，這也是logo在設計中的最重要的一個原則。曾經有品牌專家表示，logo就像人的髮型，「有些人剪的髮型很酷，但如果他本人不是一個很酷的人，那只會弄巧成拙」。

當然，儘管如今logo在企業中所起到的作用是越來越大，對市場的影響也越來越強，但是要樹立起品牌在消費者心目中的新形象，僅有logo是遠遠不夠的。一個logo並不能決定一個品牌。企業在正確利用「logo行銷」的同時，還要加強內部設施的完善，這樣定然能夠博得更多的忠實「粉絲」。

2 響亮的名字是你的立威標誌

一個響亮精準的企業名稱，不僅便於辨識和記憶，還會使得它所代表的企業形象更完美。現代市場競爭，已使企業或產品的名字與企業資本、商品品質和價格同等重要，企業、產品擁有一個好名，是現代企業生存和發展的重要舉措。

馬雲在創立阿里巴巴之前，就曾說過：「一定要給公司起個讓全世界都能記得住的好名字。」好的名字，不僅會給人留下好的印象，而且還可以讓消費者識別與這家企業競爭的對手的產品或服務的區別，可以說企業商標的名稱非常重要。

當初馬雲選作物流時，一直為取什麼名字而費盡心思。最終馬雲一口敲定，就用「菜鳥」這個名字。當大家問馬雲為什麼要用這個名字時，馬雲笑說：

「我剛做互聯網的時候，很多人說我是一隻『菜鳥』，但是正因為我們這批『菜鳥』，馬化騰、李彥宏，所有這些『菜鳥』今天都變成了不一樣的鳥。今天七百萬淘寶賣家，中國無數小的賣家，所有在網上做電子商務的都是『菜鳥』，只有『菜鳥』才能飛向千家萬戶。笨鳥先飛，飛了半天還是笨鳥，而『菜鳥』還有機會變成好鳥。我們取這個名字，就是要不斷提醒自己，我們要對社會有敬畏之心，對未來有敬畏之心，我們希望自己成為一隻勤奮、努力、不斷學習、對未來有敬畏、對昨天有感恩的鳥。」

據瞭解，「菜鳥」網路計畫首期投資人民幣一千億元，第二期繼續投入兩千億元，希望用五至八年的時間，努力打造遍佈全國的開放式、社會化物流基礎設施，建立一張能支撐日均三百億元網路零售額的智慧骨幹網路（CSN）。規劃中的CSN專案將由八個左右的核心節點、若干個關鍵節點和更多的城市重要節點組成。

企業的名稱好比是企業的一面旗幟，它所標誌代表的是企業在大眾中的形象問題。這是一個企業走向成功的第一步。名字響亮，能讓更多的人識別這家企業，瞭解這家企業生產的產品，這家企業和它所生產的產品才能有廣泛的知名度。企業只有有了良好的信譽，才能吸引更多的客戶，產生更大的效益。

然而，在如今的企業品牌價格之戰中，「品牌命名」策略已經不再單單是給某一產品取個名稱那麼簡單了。實際上，「品牌命名」是一種高難度的思考過程，是品牌定位的深入過程的開始。我們之所以說「品牌命名」，而不用「產品命名」，就是因爲「命名的過程」是一個將市場、定位、形象、情感、價值等轉化爲行銷力量並啓動市場定位與競爭的過程。

知名品牌是靠「名」銷售的，「名」是知名品牌產品的市場之魂。例如在國外，就有很多公司都很重視產品名稱的設計，有些企業甚至不惜花重金來設計品牌，根據風水來設計產品名稱。

位於美國新澤西標準石油公司，曾經爲了給產品創造出一個能夠通行於全世界、能夠爲全世界消費者所接受的品牌名稱及標誌，動用了心理學、社會學、語言學、統計學等各方面專家，歷時六年，耗資一點六億美元，先後調查了五十五個國家和地區的風俗習慣，對約一萬個預選方案幾經篩選，最後定名爲ＥＸＸＯＮ，這個堪稱是世界最昂貴的品牌。

企業依靠品牌名字，可以一夜暴富，也可能瞬間死亡，這在很大程度上可以解釋爲是否缺乏核心競爭力。既然企業的名字對企業這麼重要，那麼什麼樣的企業名稱才算一個好名稱呢？

首先，品牌名字要易讀易記。因爲名字字數少，筆劃少，易於和消費者進行資訊交流，也便於消費者一次就記住。比如蘋果手機、麥當勞、可口可樂、旺旺雪餅……這些不僅易讀易記，還給人一種親切感。

其次，公司名稱應符合公司理念、服務宗旨，這樣有助於公司形象的塑造。如藍鳥大廈的「藍鳥」兩字，真猶如藍色海洋中的一座島嶼，寧靜、祥和，為了給人們提供一方憩息之地，向消費者傾出了「藍鳥」之情，從而樹立起良好的公司形象。

最後，好的企業名稱還要有時代感，要國際化，如果不能引領時代，就要與時俱進。比如可口可樂，它是可樂的代名詞，也是這個時代最為流行，最為廣泛的品牌，使它在世界的飲料業樹立起了良好的品牌形象，這也是百事可樂永遠也競爭不過可口可樂的原因。

企業名字不單純是一個符號，在其背後有著思想的寓意、文化的背景、理想的存在。管理者如若能夠一開始便為企業定好位，並且賦予企業一個內涵豐富、寓意深刻的名字，那麼自然能夠旗開得勝。

3 品牌行銷最重要的是「專業」

這個競爭越加激烈、職能分工越來越細的行銷時代，同樣也是一個追求專業化和效率化的時代。對伴隨市場經濟發展而不斷摸著石頭過河的國內廣大企業來說，它們正面臨著品牌的突圍、市場的擴張、行銷手段的升級等問題。

馬雲曾經說過，「品牌行銷最重要的是『專業』」。一個品牌能否快速有效地打進市場，最重要的是看企業內部的機制是否完善，行銷策略是否符合專業市場需求。因爲如果企業要實現品牌的突破，那麼首先就要將「專業」擺在第一位。

品牌行銷，特別是現實的銷售，對一個企業來講，是一個不可回避的問題，它直接影響著一個企業的生存與發展。更爲可怕的是，在競爭的壓力愈發增加的時候，企業的決策者往往會失去冷靜，順理成章地花費巨大的資金在自己的行銷部門上。然而，他們卻忽略了一個基本的經營原則：集中精力、聚焦資源在自身的核心優勢上，以最小的投入獲取最大的收益。

專業的品牌行銷，往往首先要找到自己的文化基因，等到真正精確定位自己無法模仿的品牌文化之後，再借助專業的諮詢公司，不斷挖掘、「神話」和豐滿文化的內涵。長此以往，這種品牌文化機制就可以爲企業的迅速崛起注入強大的動力，企業品牌才可以深入人心。

品牌行銷是企業行銷中的一門學問，當然也是企業發展過程中所必須要瞭解的戰略方式。專業化的行銷會讓企業看上去更加有突圍的優勢，而且還能讓消費者更加的放心，增加消費者的信賴感。

在激烈的市場競爭中，每個企業都必須擁有自己的核心競爭能力，這是顛撲不破的真理。然而，由於資源有限，一個企業不可能在每個環節都能建立起強有力的競爭優勢。企業必須集中有限的資金與資源，來不斷聚焦、強化自身的品牌競爭，從品牌優勢戰略上著手，才能實現競爭優勢所產生的經濟效益的最大化。

專業化的品牌行銷的方式有很多，例如利用口碑、網路，等等。但是不論採取哪種方式，企業都要記住，不要偏離自己品牌所要體現出來的價值文化。從一線銷售的層面開始做起，打造企業品牌獨特的凝聚力，這樣顧客才能源源而來。

4 品牌絕不是廣告砸出來的

企業利用廣告爲品牌擴大聲勢，增加品牌效應，是不錯的選擇。然而，如果企業一味地將資金投放在廣告上，那麼可能最後就會得不償失了。因爲品牌絕不是靠廣告砸出來的，廣告只會將你的產品的成本提高，以至於客戶買不起。

有專家說過，在市場不成熟的情況下，企業先不要談做品牌，或者說不要一味地去做品牌，而是要先做銷量，有了銷量，有了大量的消費者和忠實顧客之後，企業的產品自然就成了品牌。也可以說，品牌不是用廣告炒作出來的，而是企業的產品贏得了消費者的鍾愛後形成的。

二〇一二年，馬雲在公司內部博客上發言稱，品牌不等於廣告，廣告砸出來的只是知名度，品牌是口碑相傳的，是有文化內涵的，絕不是廣告砸得出來的。馬雲解釋道，在沒有明確誰是客户，你能給客户帶來什麼獨特的價值的時候，沒有一個可持續的品質、團隊、文化，廣告只會給你帶來知名度，光有知名度，往往給企業帶來的只是增加成本，而不是效益。

做品牌是需要時間的，品牌是要口碑相傳的，品牌裏是帶有文化和精神的。很多人誤以為廣告就等於品牌，但做廣告卻會給你增加很多成本。你要明白，你做廣告的原因是什麼：是你的產品什麼都很好，也知道客户非常需要，只是客户不知道在哪裡找到你，你做廣告是有用的。你現在連客户在哪裡都不知道，客户要不要你的產品都不知道，打廣告打出知名度有什麼用呢？

企業要提高自己的知名度，肯定無形中會增加宣傳成本，而這個成本一定會轉嫁到客户頭上，而客户沒有必要，也沒有責任為看你的廣告而付錢。憑什麼因為你有知名度，我就買你的產品，更何況客户還有更多更好的選擇。

廣告的本質是傳播，廣告的靈魂是創意，傳播就是傳播某些資訊。如果管理者認爲只要消費者能無時不刻地看到某個標誌，就能牢牢記住這個品牌並購買，這就大錯特錯了。廣告本身只能幫你傳播品牌的價值。不管是企業的市場部還是媒體人，都應該多花些精力在廣告內容上，也就是實際產品上，而非單純尋找廣告位上。

縱觀現在的企業，無論外資或國產，無不都在關注兩個方面，一是終端管道，二是品牌。但引人深思的是，到目前爲止，除了有雄厚資本、有著巨大廣告投入的外資品牌之外，反之，那些看上去不太注重品牌，沒有多少知名度的品牌，卻並沒有在廣告上下多少功夫，而是在管道建設上有著自己的獨到之處，通過另外的優勢，將品牌發展得風生水起。

因此，企業管理者要明白，產品是不是品牌，算不算品牌，根本不是你能說了算的，消費者才是最好的裁判。而企業作爲一個參賽者，不拿出最好的東西來呈現給裁判，不把自己表現給裁判，而是用廣告去標榜自己如何，這樣必然會陷入誤區。所以，品牌不等於廣告，廣告砸出來的只是知名度。品牌是口碑相傳的，品牌的「品」就是口碑相傳，「牌」是要有品位。品牌是有文化內涵的，絕不是廣告砸得出來的。

5 追求品牌結果，還要注重實效性

世界著名市場行銷權威菲力普・科特勒指出：「市場行銷要求企業經理們在設計、生產和銷售產品之前，能清楚地確定他們的目標市場和顧客的需要。這樣，企業生產出來的產品才能更好地同顧客利益相一致，並將更容易地銷售出去。」

在行銷的過程中，不僅要追求品牌的結果，更要注重其最後的時效性，這同樣也是馬雲所要闡述的觀點之一。馬雲管理阿里巴巴時，眼光不僅僅落在銷售的戰略策劃中，更注重戰略實施後所能帶來的效果如何。正因爲此，他才能在既「營」又「銷」中獲勝。

企業前期市場行銷的核心內容，應該是在產品開發之前，採用科學的理論和方法進行超前性地、科學地市場分析和市場預測，從而清楚地確定產品的目標市場和消費者的需要與欲望，這是行銷當中最重要的一個環節。然而，所謂「行銷」，企業不僅要專注於如何去經營，更要注重於「銷售」。

經營是企業制定戰略計畫中的一個步驟，然而，這只是對結果的一種預測和實施，並不能保證這個策略能夠達成最終結果。如果企業一味地將目光重點投放在怎麼制定策略上，而不去調研策略是否具有時效性，那麼最終結果也會不盡如人意。

自馬雲確定要進入物流業之後，他對「菜鳥」的商業模式一直就未予透露，但他的目的是集合五大快遞公司共建這張智慧骨幹網，提高時效、降低費用。在業內人士看來，「菜鳥」網路平臺對現有物流資源的整合，是達到這一目標的唯一途徑。「比如一家快遞公司收到一個發往北京的包裹，恰好沒趕上這班車，這個包裹就需要在倉庫耽誤幾個小時甚至一天。而通過「菜鳥」網路平臺，這個包裹就可以搭上另一快遞公司的車輛，減少等待時間」。一名物流業內人士稱，「同理，一個寫字樓現在可能各家快遞公司的業務員都在跑，但如果集中為一個人負責，成本會節省許多，而且每人只負責一個小區域，效率也會提升。」

任何商業計畫中都有一個明確的目標，企業品牌行銷也是如此，它是企業整體行銷的一個手段、輔助和補充。品牌必須遵從一個目標或者一個主體，並且圍繞企業的整體目標來進行行銷，這樣才會遵從時效性，從而給企業帶來質的飛躍。

另外，企業在塑造品牌的過程中，不要過於遵從完美的戰略過程，畢竟企業的品牌個性不只是在如何經營上展現出來的。品牌的推廣不僅要實用，更要將企業商品的資訊盡可能地傳遞給用戶，這樣才能吸引到用戶的注意。

追求行銷結果是企業的一個方面，另外一個方面，還要注意其是否穩定而且兼具時效性，只有在這種意識下對產品進行推廣，才能真正讓品牌能夠走得更加長遠。

6 新時代的行銷：整合行銷

整合行銷是以消費者爲核心，重組企業行爲和市場行爲，綜合協調地使用各種形式的傳播方式，以統一的目標和統一的傳播形象，傳遞一致的產品資訊，實現與消費者的雙向溝通，迅速樹立產品品牌在消費者心目中的地位。

利用整合行銷建立與消費者長期密切的關係，企業將會更加有效地達到廣告傳播和產品行銷的目的。這也是爲什麼馬雲剛將目光投向物流界，就大力推舉整合阿里大物流與「菜鳥」合併的原因。此類行銷方式，顯然已經成爲了馬雲「二次上崗」的主打目標。

二○一三年九月，久違的馬雲出現在「菜鳥」網路第一次員工大會上，並宣布將阿里巴巴大物流與「菜鳥」合併。關於雙方的合作細節，阿里巴巴及「菜鳥」方面均未對外披露。但阿里巴巴表示，整合阿里物流事業部與「菜鳥」網路，是阿里集團加大在物流方面的投入、推進大物流戰略的重要一步。希望通過有效整合，用資料化的平臺，助力整個物流行業的發展，共同提速「中國智慧骨幹網」的建設。

關於阿里大物流戰略，是在淘寶大物流計畫基礎之上延伸而來。早在二〇一一年，馬雲就曾宣布，在未來兩年裏，投資一百億人民幣，打造開放、分享的物流體系生態圈。同時，阿里巴巴方面還啓動了物流資訊管理系統「物流寶」。

「物流寶」的關鍵在於通過資料化分析追蹤各地物流資源的使用情況，減少貨物在各地間的流轉，以達到降低成本和提高效率的目的。這種模式可以看作「菜鳥」的雛形。此前，曾有媒體指出，阿里大物流在內部被稱作「天網」，而「菜鳥」的代號則為「地網」。而今兩者合併，也意味著以資料為主宰的阿里物流管理系統與連接各大倉儲的主幹配送網路正式銜接。

有句經典電視廣告語「最好的防守是進攻」。在當今競爭如此激烈的市場中，誰都不願意把機會留給競爭對手。如果企業經營管理者能夠當機立斷，更新理念，敢於搶在競爭對手之前佔領優質資源，那麼就會在動盪的格局中迅速立穩腳跟，成爲該行業的領頭羊。

整合行銷是新時代行銷方式當中最有利於中小企業打入市場的戰略方式之一。與大企業相比，小企業除了擁有決策迅速、行動靈活的優勢外，在品牌、資金、人力資源等方面都先天處於劣勢。如果想要改變這一劣勢，就應當強強聯手，通過重新規劃整理，瞭解市場消費需求，重組企業行爲，從而讓自己迅速擺脫掉劣勢。

事實上，在大企業市場陰影的籠罩下，一些中小企業能生存下來已屬不易，因此，中小企業要獲得發展，則需要付出更多的心血。整合行銷方式，在中小企業的生存發展中，是最便於它們進行市場行銷或者在產品銷售上取得突破的。整合行銷能刷新企業舊規則，建立起全新的管理機制。

整合行銷的方式實際上也就是企業的一種互動行銷，它能夠打破傳統行銷中品牌對消費者不對稱的資訊傳播，從而爲整個企業帶來無限活力。企業只有與消費者進行充分的溝通和理解，才會生產出真正適銷對路的商品。互動行銷的實質就是充分考慮消費者的實際需求。

企業如若想要打破以往中小企業的劣勢存在，那麼不妨嘗試一下新時代的整合行銷，這樣將有助於企業更貼近消費者，更熟知市場需求，而且利用優勢互補的原則，還能幫助企業獲得更大的好處。

7 企業離不開適當的宣傳造勢

馬雲說：「我們絕對是放眼世界的，真正做到打到全世界去。」時至今日，馬雲的目標終於實現了，他已經讓全世界人見識到了阿里巴巴的神奇，並已經讓全世界人知道，阿里巴巴是一家讓全世界華人驕傲的中國公司。可以說這一切的成功，都少不了馬雲在背後對阿里的大力推廣與宣傳。

如今是資訊社會，每一天每一秒都會有無數的資訊快速傳遞到人們眼前。而企業要想將自己的產品更好地推入市場，並且讓自己的產品被消費者所知，那麼就必須以借勢造勢的方式巧妙地對產品進行宣傳。只要你第一時間擴大產品的影響力，就一定能夠打入到消費者心中。

一九九五年，人們對互聯網的認識還不深刻，當時的媒體也不如現在活躍，那個時候的馬雲也還沒有想到什麼好的法子來讓自己、讓中國黃頁得到媒體和輿論的認可。但是就在馬雲思考的間隙，何一兵的一句話刺激了馬雲的神經，他對馬雲說：「要是你能說服《人民日報》上網，那麼你的廣告宣傳、你的聲勢一下子就起來了。」

讓《人民日報》上網，在那時候看來簡直就是天方夜譚，然而馬雲卻做了。一九九五年年底到一九九六年年初，言出必行的馬雲再次來到北京，靠著一份機緣，他認識了當時時任《人民日報》未來發展局的局長谷家旺，並因此給日報社的同事演講了兩次有關互聯網的知識。演講結束後，一位領導走了過來，握著馬雲的手說：「你講得真好。我們明天就打報告給中央，讓《人民日報》上網。」

《人民日報》上網之後所引起的轟動效應可想而知，馬雲也成了中央電視臺《東方時空》的採訪對象。馬雲在做完這一切之後，網路也逐漸開始熱起來了。尤其跨入了一九九七年以後，北京的互聯網開始火起來，大街小巷開始遍佈著網路公司，開枝散葉般，猶如唐朝邊塞詩人岑參的著名詩句：「忽如一夜春風來，千樹萬樹梨花開。」

企業在市場競爭的商戰中，只有佔有優勢，才可先聲奪人。所以企業無勢者需造勢，無力造勢者需借勢，有勢者需用勢，這樣才能擴大企業的品牌知名度，在消費者心中起到更大的影響作用。

尤其是一個剛開張的新企業，一種剛上市的新產品，其知名度本就很低，無法獲取消費者的信任，這個時候，企業就更需要造勢以提高知名度，以勢為其鳴鑼開道。通常情況下，一個實力雄厚的知名企業，一種名牌產品，雖然已有了一股勢，但是為了擴大宣傳，在競爭中佔有更好的優勢，那麼也需繼續造勢，以鞏固市場，提高形象。

孫子兵法云：「激水之疾，至於漂石者，勢也。」湍急的流水，飛快地奔流，以至於能沖走巨石，這就是勢的力量。當然，企業借勢造勢的技巧有很多。企業可就當前熱點流行的特點來策劃，或者使用新穎的模式來包裝產品，或者與相關媒體合作，增加企業產品的曝光率，這樣就能有益於活動的宣傳效果。如果將企業造勢借勢的方式歸類總結，主要有以下幾種可供企業具體參考：

一、**行銷造勢**。行銷是品牌傳播的第一大途徑。通過會銷、促銷等手段將產品賣到客戶手中時，也把企業的理念、logo、文化等品牌要素傳遞了出去，進而達到了品牌傳播的效果。

二、**廣告造勢**。廣告是品牌傳播最快捷的途徑。蒙牛的品牌崛起就是因為「創內蒙古乳業第二品牌」的廣告宣傳，從此廣為人知。因此，企業在進行品牌造勢時，廣告不失為一個好的選擇途徑。

三、**網路造勢**。如今的互聯網已經遍佈全球，而且已經成爲人們生活工作中不可缺少的一部分，而網路推廣的便利性與低成本，決定了其在不久的將來會起著舉足輕重的作用。所以，企業有必要將目光循序漸進地轉到網路上進行品牌推廣，這樣，受眾的人群會更多，使這種推廣的方式起到更大的作用。

四、**政策造勢**。每年國家的政策都在不斷地進行改變，對不同行業、不同部門的相關規定，企業也應該重視起來。例如，當年國家推行綠色環保爲宗旨時，不少企業就打著綠色無害的旗幟爲自己的產品做宣傳，這樣既回應了國家號令，而且還博得了消費者喜愛，此可謂一舉兩得。

或許，有人會認爲，實力本就是一股強勢，人爲地再造勢，無非是花拳繡腿，其實這種觀點是有失偏頗的。有實力固然好，但是企業的實力還應當被消費者認識到，這樣，消費者才會對企業產生認同感和信任感。因此，企業造勢與不造勢就大不一樣。企業搬家，是再平常不過的事。不造勢，路人視而不見，造了勢，就可能引起衝擊心理的強大轟動效應。因此，可以說，企業想要在市場上走得更加順利，讓產品的存活率更加高，那麼就絕對離不開宣傳造勢。

第十三章

企業文化，靠價值觀打天下

1 文化是企業的DNA

如今，企業文化建設正日益成爲推動企業發展的動力源泉，成爲提升企業競爭力、支撐企業發展的重要因素。企業應該具有高度的文化自覺，充滿文化自信，進一步提高文化含量，這樣才能爲企業的未來發展注入強大的精神動力。

馬雲曾經說過：「員工必須堅持理想、使命感、價值觀，一代代地傳承下去。像DNA（生命的遺傳物）一樣，這個公司的人可以老去，但是這個企業的文化必須繼承下來，一代代傳下去，才能有不斷的創新。」

二〇一〇年，幫助中小企業破除融資瓶頸的「四川中小企業融資峰會」在成都召開。在峰會召開前夕，馬雲表示，希望社會各方能共同攜手幫助中小企業解決成長中的各種瓶頸，並且啓動了其宣導的小企業商業智慧分享平臺——「雲計畫」。下面便是馬雲在「雲計畫」中所談及的有關公司文化時的發言：

「大企業的文化是從小企業開始建起來的，不能等企業大了以後才開始講企業文化，到了中型企業時才開始講制度。小老闆管理是靠文化，靠價值觀。靠自己的價值觀來管理公司，所以說創始人實際上是這個文化最早出來的基因。

「員工的夢想很現實，他必須要生存。如果員工基本的生活保障都得不到滿足，他在這兒工作沒有得到榮耀，沒有成就感，沒有很好的收入，回家都不好意思說，帶回家的錢不能讓他在老婆孩子面前有驕傲，你要他為你而驕傲，不可能！一個企業懂得用文化，它才會成為中型企業、大企業。

「對員工的物質激勵，只能滿足員工，不能讓他有幸福感。幸福感是因為員工有信仰，他們相信公司對社會是有貢獻的，公司對客户是有貢獻的，我對公司是有貢獻的——這樣的員工容易管理。真誠地尊重你的員工，傾聽你的員工，並且把你的難處跟他們分享，你就能『得到』。」

以馬雲為首的高管團隊，從阿里巴巴創立的第一天起，就非常注重激發和保持員工的工作激情，馬雲更是親自投入大量精力在企業文化建設與人力資源管理方面。阿里巴巴的內部員工說，馬雲不懂財務與技術，也很少花精力於財務和技術方面，他更傾向於與人力資源部的溝通與交流。

企業要想提高競爭力，推動企業內部發展，那麼就必須重視企業的制度建設。因為企業文化不僅體現了整個企業的精神核心要素，更會讓每位員工耳濡目染，從而在企業形成良好的工作氛圍。

當然，我們這裏所講的企業文化並非特指那種著重於視覺和聽覺的統一標識，而是對員工進行思想理念上引導的一種文化，這種「文化」能夠讓企業的全體員工都能由衷地爲實現企業共同的願景、共同的價值觀去努力奮鬥，從而提升企業整體士氣。

在中國公司中，海爾集團是實施文化管理模式最為成功的典範。海爾運用公司文化啓動「休克魚」的做法，樹立了中國公司文化管理的一面旗幟。在海爾成長的過程中，不斷有兼併其他公司的事情發生，但是海爾每次都能夠讓那些瀕臨死亡的公司起死回生。秘訣就在於，海爾將一切都統一到了自己的文化框架內。

海爾剛兼併紅星電器廠的時候，紅星電器廠已經虧損嚴重，但是當海爾的管理人員進入紅星電器廠後，當月就扭虧為盈。海爾沒有向紅星電器廠投入一分錢，仍舊用的是原來的設備、原來的人。而且海爾第一次進入這家公司的部門不是財務部，而是公司的文化中心。通過公司文化中心把海爾的經營理念與模式對員工進行講解，整個公司就活了起來。海爾認為，要想讓資產「活起來」，那麼就要先讓人「活起來」。

海爾的管理與國際公司的文化管理一脈相承，其成功的核心都是因爲管理者充分實現了對企業內員工的關注，因爲對人的關注，才讓管理回歸到了本原。這種與員工之間的交流，不僅大大加強了企業文化的傳播，而且還爲員工樹立了信心與勇氣。

正所謂「皮之不存，毛將焉附」，那種脫離公司發展戰略的公司文化建設，無論管理者所實行的形式多麼多樣化，也無論投入多少人力及財力，都不會有什麼實際意義和價值，也不會有太久的生命力。

企業文化是最強的競爭力，公司發展從根本上靠的是文化。如果一個企業想要得到更好的發展，那麼就必須將文化重視起來，切勿丟了至關重要的核心「DNA」。

2 具有雅虎特色的阿里文化

商場每日都在發生變化，大公司兼併小公司，小公司之間整合併購，這些都是十分常見的事情。然而，公司與公司之間的合併，同樣也代表著不同企業文化的融匯。當企業遭遇「冰」與「火」的碰撞時，又該怎麼辦呢？

馬雲手下的阿里巴巴當年兼併雅虎時，也曾面臨企業文化整合的特殊使命。然而，對著雅虎眾多員工，身爲阿里董事長的馬雲依然沉穩淡定，一手打造出了極具雅虎特色的阿里文化，讓每一個新進員工都爲之佩服不已。

二〇〇五年八月，阿里巴巴收購雅虎中國後，雅虎的七百多名員工搬到了位於北京CBD一隅的溫特萊中心。由於歷史上經歷了多次的併購、整合，雅虎中國員工「成分」複雜，包括原雅虎、原三七二一、部分從二六三過來的人以及從阿里巴巴調過來的員工。

「那時我內心感到非常折磨，恨不得馬上把雅虎的所有做法都變成阿里那樣，」老阿里人戴珊回憶起一年多以前，她剛到雅虎任HR主管時的情形，「但是，馬雲說雅虎需要的是『有雅虎特色的阿里文化』，這句話對我啓發很大。」

「在雅虎，我發現員工之間最缺的是欣賞，從那以後，戴珊開始身體力行地從小事做起，努力把阿里巴巴的一些傳統帶到雅虎。例如，在電梯裏，只要看到戴紫色員工卡的人，即便不認識，也主動微笑著跟他們打招呼。

二〇〇六年年底，戴珊和同事們精心策劃了一場年會，評選了八名「優秀員工」。年會的頒獎儀式上，獲獎員工的父母突然出現在現場，說出了他們對自己孩子工作的支持和感想，在場的獲獎者甚至一些觀眾都被感動得熱淚盈眶。

戴珊還在雅虎充當起了「政委」的角色，在人事工作以外，為雅虎的同事們在工作、生活上排憂解難。設立「政委」一職，也是阿里巴巴的管理特色之一，其職能和中國部隊裏的「政委」類似，主要負責為員工提供業務以外的諮詢和關懷。令戴珊倍感欣慰的是，她離開雅虎回到杭州之後，竟意外地收到了雅虎一名技術人員的E-mail，仍然向「政委」

諮詢對自己今後職業發展的意見。

文化滲透於整個企業系統中，它對企業系統的影響是隱性的、潛在的，但又是至關重要的。一個成熟的企業系統，不僅應有完善的組織結構，而且還要有較為深厚的組織文化。然而，當企業面臨特殊前景之下的文化整合時，一定要處之泰然。只有有效利用兩種不同文化的融合，才能讓每一個員工都能儘快適應這種變化。

當然，雖然完全自由放任這一文化整合過程是可以實現的，但是，這一過程的緩慢和持久，以及其整合方向的隨意性，很難適應企業的發展，甚至不利於企業發展。也就是說，企業文化整合首先是對企業內部不同文化或文化因素的一體化整理和結合，必須形成統一的文化主張和文化體系。

例如，對兩種不同文化匯總所產生的負作用，一部分就主要表現在員工對新企業文化的茫然，有些老員工甚至可能因為無法立馬接受新企業文化的進入而讓工作效率降低。這個時候，企業一定要有效引導員工對新企業文化的認識，並且逐漸帶領員工投入到新的工作環境中去。

二〇〇四年，聯想併購ＩＢＭ，一躍成為全球第三大ＰＣ製造商。儘管這在外界看來是一個蛇吞象的併購，然而聯想集團創始人、名譽董事長柳傳志卻認為，歸根到底，併購的成功，是在於最高領導層團隊，國際團隊合作的成功，董事會合作的成功，董事會對最高團隊的支持，以及全體員工對一個共同的核心價值觀的承認。

柳傳志說：「經過這麼多年，我自己再體會的話，所謂人們常說的文化磨合，其實就是來自於不同企業的人、不同國度的人、有不同背景的人怎麼在一起配合工作。這就是所謂文化磨合的真諦。

「我舉一個例子。聯想現在在歐美市場上，不但分額大幅度提升，遠遠超出了同行和市場的平均增長量。關鍵的是，在歐美市場上，我們沒有派出一個中國人擔任領導，戰略執行是完全一樣的。企業文化、核心價值觀是完全一致的。是怎麼做的呢？出井先生可以證明，這是最高管理團隊，這個叫做執行委員會的組織裏面，ＣＥＯ和他的同事有四個中國人，四個外國人，非常好地融合在一起，共同制定戰略，所有人承認這個戰略，能把它分拆下去。員工都要承認這個企業非常簡單的，但是很有效的核心價值觀。兩句話：說到做到、盡心盡力。」

在企業兼併實踐中，與企業兼併同步而來的往往是兩種企業文化的碰撞與融合，這就存在著文化不相容的風險。每一個企業均有其企業文化，購並中的文化衝突是難以避免的。但是如果企業能夠後退一步，給予前企業文化一定的容納消化空間，那麼時間一久，自然慢慢兩股文化就能如同扭麻花一樣扭在一起。

九〇年代初，日本大公司進軍好萊塢，真可謂氣勢如虹，然而，僅僅半年就鎩羽而歸。究其原因，資金雄厚的日本人正是輸在了文化整合上。企業辦到了美國的環境裏，日本人卻沒有融入美國文化中，最終只能撤出好萊塢。而海爾集團兼併青島紅星電器公司，因注重了文化整合，卻收到了事半功倍的效果。

企業也是由文化維繫的不可分割的組織，企業人的直覺、傳統和信念是重要的選擇基礎，這些都與文化息息相關。企業在做併購的過程中，一定不能忽視不同文化的交融匯合，這樣企業才能在新文化傳播下，帶領員工做出更好的業績。

3 企業管理思想可複製，但不盲從

馬雲曾經在自己的員工大會上講過：「我們believe才會學習，所以不要去管別人怎麼說，也不要去管別人怎麼看我們。瘋人院裏面的人從來不相信自己是瘋的，而我們在這裏的人也不能相信自己是傻的。聽到了，斷言、重複，傳言『我是第一』，傳十遍，然後不斷地重複說一百遍，然後你就是第一了，很多事都是這麼起來的。」

管理者常犯的一個錯誤，是根據一些未受質疑的管理信條做決策。因爲盲目追隨這些信條，往往最終在不經意間傷害了企業，甚至一手加速了企業的衰亡。實際上，企業管理，不僅要有所爲，也要有所不爲。可以借鑑他人好的東西，但是也需根據自身情況定奪。

一九九九年春節之前，馬雲帶著原班人馬從北京殺回了杭州，為即將到來的新事業做前期準備——他們準備做一個電子商務的網站。但是工作剛開始，大家便有了不同的想法。有人主張做Ｂ２Ｃ，有人提出做Ｃ２Ｃ。最後，馬雲做出決定，他說：「我們就做Ｂ２Ｂ。」

當時大家都覺得這個想法不太可能實現，因為當時互聯網上還沒有這種模式，至少中國的互聯網上還沒有。但是馬雲卻說：「如果一個想法百分之八十的人都說好，那麼你可以直接將它扔進垃圾桶。如果大家都想得到，別人能比你做得更好，你還做什麼？」他當即拍板就做Ｂ２Ｂ。事實的確如此，馬雲是對的，阿里巴巴獲得了空前成功。

有句話說得好：「當你堅信自己是對的時候，你的世界都是對的。」有許多人，相信別人很容易，卻在「相信自己」這個問題上優柔寡斷，可想而知，這是一種多麼軟弱而愚蠢的行爲。很多失敗的管理案例，其中關鍵的錯誤原因就在於管理者盲目從眾、隨大流的心理。持這種態度的領導者不敢擬定和選擇有自己想法的方案，習慣跟在別人後面，盲從、模仿、抄襲。

馬雲曾經對年輕人建議道：「人必須要有自己堅信不疑的事情，沒有堅信不疑的事情，那你不會走下去的，你開始堅信了一點點，會越做越有意思。」並且鼓勵大家，「不管別人怎麼說，我們堅信一定不在乎別人怎麼看待我們，我們在乎怎麼看待這個世界，如何按照我們的既定夢想一步步往前走，這是做任何事一定要走的一條路。」

創造了一代商業神話的「蘋果」發明人賈伯斯，小時候家庭並不富裕，當其養父母幾乎花光所有積蓄供他進入裏德學院後，令他們沒有想到的是，賈伯斯在僅僅上了六個月之後居然主動申請退學了。

退學以後，賈伯斯仍然留在里德學院中，但讓人匪夷所思的是，賈伯斯雖然退了學，卻全程旁聽了一門課程。賈伯斯這一特立獨行的舉動在當時的校園裏頗受爭議，放著自己的專業課不去上，退學之後反而選擇一門無關緊要的選修課，很多人都覺得賈伯斯是瘋了。但一切人的質疑都沒有讓賈伯斯改變自己的想法，他依然按時到美術字課堂「報到」。經過十二個月的學習，賈伯斯掌握了san serif和serif字體，學會了在不同的字母組合中改變空格的長度，還知道了怎樣才能做出最棒的印刷式樣。

賈伯斯用一年時間學習到的這些東西，在當時其他人看來，簡直就像是吹口哨一樣無用，事實上，就連賈伯斯都沒有看出來它們有什麼實際應用的可能。但是，在十年之後，當他與沃茲尼克設計第一台Macintosh電腦的時候，他卻豁然開朗了，他把當時在美術字課堂上學到的知識全都設計進了Mac。Mac是歷史上第一台使用了漂亮的印刷字體的電腦，因為其豐富的字體和賞心悅目的字間行距，而受到了很多文字工作者的青睞。

這個世界上有很多事情，本無對錯。所以任何一個管理者都應當具備堅定性，這種堅定是以主見爲前提的。如果一個管理者做決定時總是顧慮太多、猶豫不定，必然會錯失良機。

賈伯斯曾經說過：「你的時間有限，所以不要爲別人而活。不要被教條所限，不要活在別人的觀念裏，不要讓別人的意見左右自己內心的聲音。最重要的是，勇敢地去追隨自己的心靈和直覺，只有自己的心靈和直覺才知道你自己的真實想法，其他一切都是次要。」

比爾·蓋茲一九七三年進入哈佛大學求學，在常人看來，進入了這樣的高等學府，必然會萬分的珍惜，但是比爾·蓋茲卻在兩年後向學校提交了申請，要求退學。對比爾·蓋茲的這一決定，許多人都十分驚訝，而且不少同學都要求他慎重考慮。然而，他依舊堅定了目標，最終創立了微軟帝國。

堅定方向，絕不動搖，不徘徊、不懈怠，不爲任何風險所懼、不爲任何干擾所惑，這是管理者必備的素質。

4 價值觀是企業最值錢的東西

每一個成功的企業都有它最最引以為豪的東西，阿里巴巴也有，那就是它的價值觀，馬雲甚至把它稱之為阿里巴巴最值錢的東西。

馬雲說：「我們的一位高管進阿里巴巴後問我，阿里巴巴有價值觀沒有？我說有啊，我於是仔細地想了想，從一九九五年開始，是什麼讓我們這些人活下來：群策群力、教學相長、品質、簡易、激情、開放、創新、專注、服務與尊重。沒有這九條，我們活不下來。所以這九個價值觀是阿里巴巴最值錢的東西。」

在阿里巴巴，績效考核中，不僅包括了對員工業務績效的考核，還包括了對員工價值觀的考核，而且對員工價值觀的考核要大於對員工業務能力的考核。

一位阿里巴巴的員工說，在阿里巴巴做事，不會覺得價值觀是個很空的東西，比如，做銷售員的人會明確什麼能做，什麼不能做。如拜訪客戶記錄造假，惡意拜訪同事的客戶，互相挖牆腳，從客戶那裏拿回扣，未經許可洩露客戶資訊，在公司內散佈消極言論等，都屬於價值觀考核的內容，「犯了這些錯誤，肯定走人」，而且，這種價值觀考核絕不會出現不客觀現象。

對阿里巴巴為什麼這麼重視價值觀呢？馬雲回憶說：

「在二〇〇〇年的時候，阿里巴巴在美國矽谷、倫敦、香港的發展都很快，三方開始各懷己見，一時間，我覺得自己管理起來有些力不從心了。矽谷的同事覺得技術是最重要的，當時在矽谷的發展是互聯網的頂峰，所以矽谷說的一定是對的。阿里巴巴美國公司總裁坐鎮香港，他們認為應該向資本市場發展。我在中國聽著，也不知道誰對。在這種大家都亂了的時候，我突然意識到：公司大了，發生意見分歧在所難免，這種情況該如何管理呢？我認為阿里巴巴已經處於高度危急狀態了，我馬上和公司的首席運營官關明生先生探討這個問題：我們一年不到就成為跨國公司了，員工來自十三個國家，我們該怎麼管理？關明生曾在ＧＥ公司工作了十六年，他說ＧＥ成功有個很重要的原因是它的『價值觀』和『使命感』。」

在商場中，有很多企業往往只重視實物和資料的力量，而忽視思想和精神的力量。更有不少管理者認爲，思想與精神似乎都是務虛的關係，沒有任何實際意義。實際上，這種想法不僅大錯特錯，而且患有這種「貧思症」的企業，最終是不可能長久生存於市場上的。

企業要想員工更好地付出，那麼就必須擁有自己的核心思想，哪怕是那些激勵員工奮進的思想，企業都要不斷地展現在員工面前。企業的價值觀往往是企業最重要的精神支柱，沒有這個支柱，那麼員工工作就沒有動力，企業在發展中也可能會丟失掉平衡精神的槓桿。

企業在追求經營成功過程中所推崇的基本信念和奉行的目標，往往有助於員工樹立正確的工作理念。對任何一個企業而言，只有當企業內絕大部分員工的個人價值觀趨同時，整個企業的價值觀才可能形成，才能推動員工整體向前發展。

eBay的前任CEO梅格・惠特曼在回顧過去時曾經說過：「我的整個職業生涯已為我在eBay的工作做好了一切準備。從第一天開始，我就可以看出eBay在創建之初就具備了成為一家偉大企業的素質，但這並不是說，在同意加盟時，我腦中就已經形成了強有力的價值觀。」

梅格・惠特曼剛接手eBay時，eBay是一家只有三十名員工、年收益僅四百萬美元的小型企業。在後期的管理擴張過程中，梅格・惠特曼不斷激發和維持促進eBay發展的價值觀的力量。梅格・惠特曼相信，eBay的成功，證明了價值觀並非抽象的理念，而是必要的工具。在eBay，有一百多萬人，雖然不是eBay的員工，但他們絕大多數的生活都依靠在eBay上所進行的交易。人們一次又一次地對梅格・惠特曼這樣說：「eBay改變了我的生活。」eBay幫助過難以計數的人從事他們喜愛的工作，並取得了成功。有時甚至還能幫助殘障人士自食其力——這些人在實體市場無法做事。

到二〇〇八年，梅格・惠特曼退休時，eBay已發展成為一家在世界各地擁有一萬五千名員工、年收益八十億美元的大型企業，規模幾乎是當初的兩千倍。

不管社會如何變化，產品會過時，市場會變化，新技術會不斷湧現，管理時尚也在瞬息萬變，但是在優秀的公司中，企業的價值觀不會變，因爲它始終都代表著企業存在於市場的理由，也代表著企業在追求經營成功過程中所推崇的基本信念和奉行的目標所在。

企業的價值觀往往就是企業決策者對企業性質、目標、經營方式的取向所做出的選擇，是爲員工所接受的共同觀念。正如阿里巴巴所有員工的績效考核中，業績只占百分之五十，而與價值觀相關的考核則占了另一半，對此公司有一整套的衡量標準。因爲馬雲認爲，價值觀不一樣的人，很難認同公司的企業文化，不能真正投入到公司的事業中來。

企業的價值觀是把所有員工聯繫到一起的精神紐帶，也是企業生存、發展的內在動力。如果企業將其當做是規範制度的基礎，那麼就能夠促使員工更加團結，更好地去面對企業的未來。

5 管理的核心在於「抓住人性的本真」

我們如今所處的這個時代，實際上是一個物質時代。人們在追求財富最大化的過程中，往往忽視了精神幸福。尤其是在一個企業中，如若員工沒有一種精神寄託或者信仰，那麼他們就會絲毫感受不到幸福，必然也就會失去工作積極性。

企業的責任一般來講有三個：一是爲社會創造財富；二是爲員工創造幸福；三是爲股東和客戶創造回報。而這一切的重要前提，是企業要抓好幸福感文化管理。比如阿里巴巴，很早就開始了幸福指數調查的工作，爲實現「要把阿里巴巴打造成員工最感幸福的公司」的願望，馬雲一直在努力。

自阿里巴巴創立來，一直自上而下踐行的HR管理精神內核就是「抓住人性的本真」。這並不是一個空泛的口號，對員工，馬雲曾有段話這樣表述：「我們對進來的員工都給予他們三樣東西：一是良好的工作環境（人際關係）；二是錢（今天是工資，明天是資金，後天是每個人手中的股票）；三是個人成長。第三點是非常重要的，公司要成長，首先要讓員工成長。人力資源管理不是人力總監一個人的事，是從CEO到每個員工都要認真對待的事。要讓員工成長，是件很困難的事，要很長的一段時間。我們還要做到的是，幫助外面剛進來的員工怎樣融入我們這個團隊。」

馬雲認為，小企業老闆也要多去傾聽員工的想法，使員工的基本生活保障得到滿足，讓員工工作時能得到榮耀和成就感。他特別指出，對員工的物質激勵，只能滿足員工的物質需求，不能讓他有幸福感。「幸福感是讓他們有信仰，讓他們相信公司對社會和客户是有貢獻的，而自己對公司是有貢獻的——這樣的員工容易管理」，而這樣的企業文化也水到渠成。

馬雲告訴所有人：阿里巴巴的團隊已經能造血，並且有信心戰勝一切。這個目標爲持續發展一〇二年的企業，正抓住人性的本真，用心地做著人力資源。在馬雲「抓住人性本真」思想的帶領過程中，阿里巴巴的人力資源管理不斷折射出人性的本真光芒，絢爛而樸實。

對企業來講，文化管理並不是一句虛言就了事的。要想帶領好員工，給他們灌注更多更好的思想理念，鼓勵他們更好地完成工作，那麼企業文化精神的宣傳就一定要到位，否則員工在工作的過程中可能就不會激進，在這種機械重複性的工作中很容易就會倦怠。

企業要想贏得最大的利益，那麼首先就應當去關注員工的心理成長。瞭解員工的內心，幫助員工去熟悉企業的每一個理念，樹立正確的精神文化，才能讓員工在工作的過程中幹勁十足，讓員工對企業更加有信心。

阿里巴巴最早的價值觀只需三個詞便可概括：可信、親切、簡單。最突出的企業文化就是校園文化和教學相長。在這裏，員工、上下級之間和同事之間都像同學一樣相稱，除了中英文名之外，阿里巴巴的每一位員工還有一個「花名」，比如馬雲的「花名」就是「風清揚」。這樣一種文化使得學生從學校進入公司後沒有那種巨大的落差。阿里巴巴的一些培訓讓剛剛走出象牙塔的學生們有了一個很好的過渡，使他們能夠在工作中學習，並且阿里巴巴還關注員工的心理，關注他們的情緒變化。

馬雲說：「員工的心理情緒是我們最關心的，他們的專業能力總有一天會具備，但如果沒有人關心他們的心靈成長，他們有一天可能會走掉，會在工作的高壓下迷茫。」例如，曾經有一位剛畢業參加工作的員工和女朋友總是有矛盾，導致他情緒不好，工作幹不下去，於是馬雲大聲呼籲身邊的同事誰有經驗能分享，讓他成熟一些……正是這樣的文化氛圍，讓更多畢業生不斷湧入阿里巴巴，也讓阿里巴巴擁有了豐沛的人才資源。

馬雲曾經說過：「當你傳遞的是一種美好的情感時，對方也會還以微笑。」「抓住人性的本真」，也就抓住了管理的核心，這樣才能凝聚一批願爲之奮鬥的人。

企業在未來的發展中，必須將文化管理重視起來，這樣才能幫企業尋覓到更合適的人才，讓他們能夠團結一心地爲公司創造出更大的效益。畢竟，如果企業能夠給予員工多一份關注，多一份理解，那麼員工必定會感恩。這樣一來，企業收穫的不僅是人心，更是一種凝聚力，能夠幫助企業達到事半功倍的效果。

6 「左眼美金，右眼日圓」，賺不到錢

在馬雲眼中，企業成功的關鍵因素並非創新力本身，而是這一能力背後的執行者與推動者——企業員工。馬雲指出，創業者只有堅守這一理念，懂得尊重人才，同時堅持將服務做到最好，企業盈利才將是必然。

然而，在這個利益紛爭層出不窮的商場上，很多企業總是將眼光投注在盈利上，絲毫不顧及員工的利益是否有損失。這種定義不準確的價值觀，不僅讓員工失去了工作活力，更讓員工對企業逐漸失去信心。

二〇一〇年，馬雲在美國接受著名脫口秀節目主持人查理・羅斯專訪，圍繞阿里的成功之道、未來方向以及自己的創富心得等內容，馬雲進行了闡釋。

羅斯：「你有錢有名，那你還想要什麼呢？」

馬雲：「我的餘生將致力於鼓勵和支持創業者。我想讓他們重回學校充電。我原本打算做老師，但是卻做起了生意，一做就是十五年。我覺得我在學校學到的大多數東西都是錯的。」

「很多商學院都教學生賺錢和經營之道，但我要告訴人們，如果你想開公司，你必須先有價值觀，即懂得如何為人們服務，如何幫助人們，這是關鍵。我們堅信，如果你眼中只有錢，左眼看美金，右眼盯日圓，沒有人會願意和你做朋友的。

「如果人人都在向錢看，那麼人們很容易就會迷失自己。我們來這個世界上，是享受和經歷人生的，不是僅僅為賺錢的。

「想想如何幫助人們，為社會創造價值，那麼錢自然會來。這就是我們為何能在中國成功，也是阿里巴巴的核心競爭力。阿里巴巴是這樣做生意的，我認為廿一世紀，其他的公司都應該這樣。」

「企業核心價值觀」的準確定位和良好踐行是企業能否保持旺盛發展和長遠生命力的根本所在，如果企業脫離現實價值觀的正確發展方向，那麼「主心骨」就會迷失。一個扭曲或缺失了靈魂的企業，其員工也不可能在企業中得到更好的發展。

美國愛德華・鍾斯公司曾經將員工分爲特殊合夥人和一般合夥人。這些不同的持股方式，既是員工地位的象徵，也是激勵員工積極性的一種手段。在員工持股制的企業，管理者和員工之間已經不是一種雇傭關係，而是平等的合夥人關係。這種「合夥人關係」價值觀的確定，極大地增強了企業凝聚力，有效地延長了員工服務企業的時間，同樣也奠定了企業與員工之間的關係。

企業的價值觀首先影響的是企業的制度和企業員工的行爲習慣。如果企業總是過於在乎盈利，忽視員工發展，那麼最先受影響的必然是企業本身。企業的發展要靠員工，如果企業一開始就將價值觀定義爲「金錢論」，那麼企業必然會爲「一己之私」而付出代價。

二〇一一年，哈曼國際工業集團董事會主席、總裁兼首席執行官包利華接受了《財經網》的記者訪問。

《財經網》：「能談下哈曼的企業價值觀嗎？」

包利華：「哈曼的企業價值觀首先體現在對員工的尊重和培養上。第一，我們不會讓一萬一千名員工中任何一個人感到自己是不重要的。職位當然有高下，如果意見不合，可以爭論，要充分尊重每個人的想法。哈曼會根據員工的能力和貢獻進行培養和獎勵。第二是誠信，這是企業獲得長期成功的關鍵，也是中國政府和消費者對哈曼的要求。第三是公司運營的速度及透明性。這要從我本人做起，公司決策、行動的每一環節都要迅速，一旦有錯誤發生，要儘快糾正。同時，及時溝通是必須的，領導者必須向各地區分公司充分闡明戰略步驟和方向。」

企業價值觀的定位對員工的行爲具有強制性的約束力，企業內部已有的習慣也對員工行爲具有非強制性的約束力和引導作用。企業的社會形象主要取決於企業員工的行爲，而員工的行爲最終決定了企業的形象和業績。如果企業的價值觀定位準確，那麼員工對企業文化的理解就會到位，自然也就會與企業真正地「合二爲一」。

企業要想發展，那麼就必須樹立正確的價值觀，這樣才能讓員工與企業更加齊心合力。尊重員工的思想，傳遞正確的企業文化觀念，員工在企業的引導下，一定會竭盡全力地爲企業做事，企業也自然能獲得更好的利潤。

[第十四章]

資本管理，籌資有計劃，花錢要謹慎

1 中小企業的融資之道——「自力更生」

中小企業融資難，首先是因爲在融資方面，中小企業處於不平等地位。在長期計劃經濟體制形成的「政銀合一」、「行政經濟」的基礎上，我國的金融政策和金融體系都是以國有企業，特別是國有大企業爲主要對象實施的，沒有專門針對中小企業的融資服務體系。

對處於弱勢當中的中小企業來說，如果想要徵得銀行同意，並且降低貸款標準，那麼就一定要通過自身的發展壯大來解決融資難的問題。正如阿里巴巴發展最初，銀行貸款一直困難重重，但是馬雲從來沒有因此放緩公司業務的擴展，通過「自力更生」，爲自己贏得了今日的一方之位。

馬雲曾經在APEC中小企業峰會上表示，阿里巴巴在成長的初期，沒有得到過銀行一分錢貸款，沒有拿到政府一分錢。面對有銀行業代表稱，中小企業融資難主要是由於資訊不對稱，銀行無法充分掌握中小企業資訊時，馬雲則表示：「不是資訊不對稱，而是信心不對稱，利益不對稱。」在痛斥銀行的「嫌貧愛富」的同時，他呼籲中小企業要努力通過自身的發展來解決融資問題，讓「銀行開始敲我的門」。

立志「改變世界」的馬雲曾說：「讓華爾街所有的投資者罵我們吧，我們堅持客戶第一、員工第二、股東第三。」和他的「同盟者」窮人銀行家穆罕默德・尤努斯給窮人小額、無抵押的貸款的做法一樣，阿里巴巴對金融業務的介入也日益深入，其網路聯保聯貸專案已經開始幫助中小企業解決貸款難的問題。有資料統計，截止到今年六月底，在B2B平臺上，中國建設銀行與阿里巴巴合作的貸款專案已經發放貸款廿六億元，放貸客戶達一千三百九十家。

馬雲改變世界的想法，現在看來還很遙遠，但他在給中小企業放貸，承擔如此高風險的同時，實際上也給自己提供了更多的利潤機遇。

中小企業的業績不理想、信用不高，是它們貸款的最大障礙。另外，多數中小企業所處行業並不是壟斷行業，而是競爭性很強的行業，盈利水準總體不太高，這樣就使銀行對中小企業的信貸資產品質總體評估也不高，自然中小企業想要從銀行貸款融資，那麼就成了難題。

事實上，對融資難，中小企業絕不要單純抱怨銀行，更不能指望商業銀行放鬆和降低貸款標準。畢竟，融資難也有企業自身的原因。比如，中小企業生產規模小、盈利能力不高、抗風險能力較弱，這樣自然難以取得商業銀行的信任，而且與銀行的貸款融資條件也相違背。

爲了贏得銀行信任，那麼中小企業一定要先從自身開始，逐漸轉換銀行對企業本身的觀念。例如，深化融資體制改革，依靠市場機制，逐漸通過自身努力去打破這種不平等的規律，當自身發展起來後，那麼融資自然就不再是問題。

實際上，不論是如今經營得再好的企業，還是依舊處於發展中的企業，一定要有一份危機感。只有未雨綢繆，及早進行產業升級、結構調整和科技創新，才能正確面對經營困難的時刻。

當然，對中小企業來說，還要奮發圖強，自力更生，這樣才能克服困難，走出困境。

企業能夠壯大，主要靠的是自己，而能否獲取銀行的信任，主要靠的也是自己。如果企業總是一而再地依靠他人，那麼就始終都無法成熟起來。對中小企業來說，多看看自己，多從自身找出問題的癥結所在，必然能從困境中走出來。

2 在你「很賺錢」的時候去融資

馬雲曾經告誡企業管理者：「你們要記住，你一定要在你很賺錢的時候去融資，在你不需要錢的時候去融資，要在陽光燦爛的日子修理屋頂，而不是等到需要錢的時候再去融資。」

對日前不少企業者大喊融資難這一問題，實則並不是社會真正缺少資金，而是因爲企業內部過剩流動性不能有效轉化。因此，企業管理者在融資問題上一定要存有居安思危的想法，不要真正等到急需要資金的情況下才去融資，畢竟計畫趕不上變化，如果一旦市場資金流轉不動，那麼企業就必然會陷入困境中去，因此企業管理者不妨「晴帶雨傘」。

曾經有創業者向馬雲請教：「企業在什麼階段融資最為合適？」

馬雲回答道：「不要從創業第一天起就想著融資，在沒有盈利之前也不要去想，絕大部分企業在沒有盈利之前融資是不正常的。做企業，首先要想到的是沒有融資我也能盈利，等你盈利了，想擴大盈利的時候，那時就會有人想要投錢了。企業沒有盈利的時候，想說服別人投資，投資人多半會說：等你盈利了再說吧。對那些今天盈利情況很好的企業，你們要記住，你一定要在你很賺錢的時候去融資，在你不需要錢的時候去融資，要在陽光燦爛的日子修理屋頂，而不是等到需要錢的時候再去融資，那你就麻煩了。所以，在你不需要錢的時候去融資，這就是融資的最佳時間。」

古人云：「安而不忘危，治而不忘亂，存而不忘亡。」任何企業發展到一定階段，都需要一個健康、合理的資本運營戰略，來解決企業資金匱乏、融資不暢等問題。如果一家企業抱著急功近利的心態，僅僅是在企業遇到資金困境時才去融資，是很難達到預期效果的。

另外，如果一家企業希望快速發展，在市場中站穩腳跟，並成爲一家基業常青的企業，那麼該企業就一定要在最初階段學會融資，而並不是在企業缺錢的時候才想到融資。企業必須把融資放到戰略高度，建立一套完善的平臺體系，並用這套體系來影響企業的全面發展，建立適合企業發展的資本運營體系，真正做到未雨綢繆。

當然，對那些本來就需要融資的企業來講，選擇時機又格外重要。如果管理者準備不足，過早地進入融資市場，那麼大多數投資者就只會保留觀望態度，等待企業的下一個發展階段。因此，絕不能將所有的希望都押注在投資者身上，這畢竟是一筆生意。如果企業管理者盲目去融資，更嚴重的後果，會直接造成投資者形成第一印象：這個項目不行。造成企業日後的融資難度加大，反而給企業自身添加很大的壓力。

美國經濟學家斯迪格勒曾經說過：在美國，沒有任何一家企業不是通過投、融資，資產併購、兼併、重組發展起來的。美國已經不存在完全靠內部資本成長起來的大公司和大企業。中國企業的資本運營之路，勢在必行。

由此看來，任何企業的融資都是一個系統工程，因此每一位管理者都應該善於建立企業融資戰略規劃。此外，管理者還要注重提高融資策劃能力，不要等到缺錢時才找錢。只有建立了這種思維模式，並掌握了合適的管道與方法，到了關鍵時刻，企業才不會一籌莫展。

3 讓資本來找自己

馬雲曾經說過：「永遠不要讓資本說話，讓資本賺錢。讓資本說話的企業家不會有出息，最重要的是你讓資本賺錢，讓股東賺錢。如果有一天你拿到很多錢，你堅持今天的原則，做你認爲可以賺錢的，我相信有一天資本一定會聽你的。」

馬雲往往都是獨闢蹊徑，他所帶領的阿里巴巴從來不走其他網路公司的老路，偏偏反其道行之。例如人家是主動去敲資本的大門，馬雲卻讓資本來找自己。馬雲能如此「囂張」，是因爲他擁有一個一流的團隊和一個潛力巨大的品牌。

阿里巴巴創立最初，錢顯然成為迫切需要解決的重要問題，甚至困窘到馬雲必須借錢來發團隊成員的工資了。就是在這個艱難的時刻，馬雲還是接連拒絕各方投資者，前前後後一共有三十八次。之所以要「打腫臉充胖子」，用馬雲的話來解釋就是：「除了錢，他們不能為阿里巴巴多帶來其他任何東西。」

也就在此時，阿里巴巴受到了來自美國最頂級的商業媒體《商業週刊》的關注。起因是據說有人在阿里巴巴網站上發佈消息，說可以買到AK–47步槍。這條消息把馬雲嚇了一跳，可是馬雲他們找遍網站所有的消息，也沒有找到這條買賣資訊。

「塞翁失馬，焉知非福」。儘管有關AK-47的報導給阿里巴巴帶來了一些負面影響，但也帶來了更多國際記者紛至遝來的腳步，伴隨這些腳步而來的，當然還有國外的投資者。而在此之前，許多國際風險投資機構都已經注意到了一九九九年火熱的中國互聯網。在這一年，國際風險投資機構大規模地在中國互聯網市場進行投資，以著名的老虎基金、高盛和軟銀為代表的風險投資商向中國門户網站及電子商務網站大股投資。

一九九九年十月，由高盛公司牽頭，亞洲、歐洲多家一流的基金公司參與，阿里巴巴引入了第一筆高達五百萬美元的風險投資。此次投資不僅成為阿里巴巴首輪「天使基金」，也成為轟動一時的特大新聞。

接下來，軟銀公司也開始盯上了阿里巴巴。在北京的一次簡單會面後，軟銀宣布為阿里巴巴融資兩千萬。

馬雲用他的實際經歷證明，在創業期間選擇投資人的時候，絕不能「有奶就是娘」。即使是彈盡糧絕的危機時刻，也不能喪失一個創業者、企業家應有的尊嚴。創業者的前途，永遠掌握在自己的手中，而不是投資人的口袋中。如果你錯選了一個唯利是圖的「資本家」，就有可能毀掉一個優秀的企業。

大部分投資人都用戀愛或者婚姻來比喻風險投資和創業者之間的關係。他們對創業者提出了很多有益的忠告，比如：「他挑你，你也要挑他，要找一個適合自己的投資人。」「如果他看上你的項目了，一定會追著來投你。」

風險投資商們還給創業者一個重要的忠告：不應該爲找風險投資而去做一個項目，要看所做的事情是否有價值，如果它能改變一個產業，風險投資自然會追著來投你。與其去追錢，不如讓錢來追你。

大多數創業者在被投資者拒絕後，對問題出在哪兒渾然不知。其實，投資者最怕的是創業者問他要錢，最希望看到的是創業者不要錢，而是他主動給創業者錢。如果創業者沒有實實在在的好東西或好產品，投資人根本不會搭理你。

而馬雲談阿里巴巴的情況時，只說了六分鐘，就得到孫正義的青睞。讓孫正義下定決心給馬雲投資的原因所在，是那六分鐘背後阿里巴巴獨創的發展方向和六個多月沒日沒夜的艱辛努力。

企業要想讓資本來找自己，那麼就一定要先讓自己發展起來，任何時候都不應當在向資本需求依靠的時候展現自己的軟弱。企業只有先樹立好自己的脊樑，這樣才能在投資者面前更加有勇氣，也才能讓投資者對你產生希望和信任。

4 錢太多不一定是好事

在創業者的心中，如果剛開始就能獲得很多充沛的備用資金，那麼在往後的發展中才會有底氣，成功的機會才會越大。真的是這樣嗎？馬雲認爲並非如此。

馬雲曾經說過：「阿里巴巴能夠走到今天，有一個重要因素就是我們沒有錢，很多人失敗就是因爲太有錢了。以前沒錢時，每花一分錢我們都認認真真考慮，現在我們有錢了，還是像沒錢時一樣花錢，因爲我今天花的錢是風險資本的錢，我們必須爲他們負責任。」

馬雲給阿里巴巴最先的定位是國際性的大公司。走人才和設備高端路線的結果是，在不到一年時間裏，香港、美國、歐洲、韓國所有網站每月的花費將近一百萬美元，而且，很多網站只出不進，沒有一分錢收入。阿里巴巴成了一個名副其實的「燒錢」公司。

要說，湊集五十萬元起家的阿里巴巴，原本並沒有本錢如此「揮霍」。不過，在一九九九年九月註冊後的一個月，即一九九九年十月，阿里巴巴就完成第一輪融資五百萬美元，三個月後的二〇〇〇年一月，又獲得軟銀孫正義等人的兩千萬美元投資。然後，二〇〇一年年底和二〇〇二年年初，又從一位日本戰略投資者處融得五百萬美元。

「燒錢」是從二〇〇〇年二月開始的。在燒錢的過程中，阿里巴巴又恰逢二〇〇一年互聯網泡沫，戶頭只剩下七百萬美元，不到原有資本的三分之一。最終馬雲的國際化戰略，被打擊得煙消雲散。

反思當年的瘋狂，馬雲總結說：「錢太多了不一定是好事，人有錢才會犯錯啊！阿里巴巴犯過許多錯，最早一個錯是在創辦時，因為過於追求全球化，所以就認為公司要設在美國，於是跑到矽谷。結果找來的員工，其願景、思路、想法都不同，實在無法做事。即使有全球眼光，也必須先取勝本土。換句話說，在中國也能創造一個世界級的頂尖公司。不到一個月，我們就認清了錯誤。這一個月，我們是有損失的，但得到的比損失多，至少我們懂得了全球化。所以我們花錢買的是犯錯的經驗，這是阿里巴巴的價值。」

在許多人看來，錢越多越好，難道錢多了還燙手？甚至還有人說：「所有能靠錢解決的問題都不是問題，解決不了的，多砸些錢就行了。」他們卻未能認識到，「有很多錢」和「錢不夠」同樣有麻煩。而這些麻煩，恰恰就在於不知道如何解決「錢太多」的問題。

企業在創業最初，如果資金投入太多，一旦在經營中發生任何波折，那麼對企業的損害將是巨大的。尤其是有些企業，剛進入市場，便想著如何儘快超過或趕上同行競爭者的腳步，不惜代價地投入鉅資，最終血本無歸。

馬雲卻認爲，初期創業，資金不需要多，該省則省，不需要太多體面的事情與排場，錢應該花在刀口上。創業初期，錢多並不是一件好事。所以，創業一開始，不要因為沒有充足的資金就擔心害怕，應該要想方設法讓自己有本事賺到企業後續經營所需的資金才對。

對企業來說，創業的資金只要足夠便可。有時候資金太多，反而會成為企業行動中的累贅。因為錢太多了，企業往往在創建未來項目時無法準確定義，形成大手大腳的習慣，這樣一來，企業的創業風險必然會增加。因此在企業融資的時候，馬雲強調的是，在融資的時候並不是拿的錢越多越好，而是應該在「合適的時候拿合適的錢」。

企業在創業之初，一定要懂得「節省」。只有做好籌備資金的計畫，並且將目光放得更加長遠，懂得在錢少的時候合理地發揮每一分錢的效力，這樣才會吸引更多的投資人對你認可。

5 花別人的錢比花自己的錢更痛苦

不少企業拿完投資者的錢後，往往表現得十分「大方」。在任何計畫和專案中，總是毫不顧忌錢的問題，而將其大把地投入到計畫上。事實上，這些錢代表著投資者對管理者的信任，管理者在用錢的時候應當一步一個小心，多加斟酌和考慮，這樣才能用效益來回報投資者。

馬雲曾經認爲，投資者和管理者之間並沒有矛盾，只有管理者去欺騙投資者，投資者不太可能欺騙管理者。作爲管理者，一定要記得還給投資者他借給你的錢，這是做人的品質。剛剛創業的時候，阿里巴巴所有管理者都是很節儉的，他們幾乎不打計程車，能省則省。

在阿里巴巴辦公室門口的影印機上放著一個儲蓄罐，在影印機後面的牆上貼著「公司影印機使用詳細規定和說明」的一張公告。規定個人因私複印每張五分；複印公司內部文件要雙面使用；複印數量多於一百五十份的要外包交由櫃臺處理。阿里巴巴就是以這樣的「小氣」而驕傲。

馬雲認為：「阿里巴巴走到今天，有一個重要因素就是我們沒有錢。很多人失敗，就是因為太有錢了。以前我們沒錢時，每花一分錢我們都認認真真考慮，現在我們有錢了，還是像沒錢時一樣花錢。因為我們今天花的錢仍是風險投資商的錢，我們必須為他們負責任。我知道花別人的錢要比花自己的錢更加痛苦，所以我們要一點一滴地把事情做好，這是最重要的。」

他還一再強調：「阿里巴巴永遠堅持一個原則：我們花的是投資人的錢，所以要特別小心。雅虎是今天世界上最『小氣』的公司。而我們每天考慮的也是如何花最少的錢，去做最有效果的事情。」

而與此同時，馬雲也用他的努力在阿里巴巴證明了他的能力。二〇〇二年年底，阿里巴巴全面實現盈利六百萬元人民幣。二〇〇三年，阿里巴巴實現每天營業收入一百萬元人民幣。

儘管阿里巴巴後來有了高盛、軟銀等機構的大筆投資資金，可馬雲和他帶領的阿里巴巴依然像往常一樣節儉。因爲馬雲明白，投資者給你錢的時候，你要記住「有一天你一定要還他更多」，這是做人的品質。所以，花投資者的錢得非常小心，要對投資者負責任。

對任何企業來說，信譽往往都占著極爲重要的成分，企業信譽也是企業行走商場所必須攜帶的重要「證件」之一。如果企業只是在籌備資金時對投資者滿口承諾，而在使用資金的過程中卻大手大腳，最終毫無建樹，那麼就可能將自己在投資者心中的信任全部用盡。

創業初期，企業花錢一定要謹慎，這份謹慎往往是對投資者的負責，也是對自己公司的一種負責。企業管理者應當對花錢的每個環節刨根問底。在這種「深挖行動」中，你會發現許多「合理、合法、合情」的規避風險、降低成本的方式方法。如果管理者能夠一直抱著精益求精的心態，就必然會阻止管理中很多資金漏洞的產生。

馬雲曾經表示：「投資者給你錢的時候，你記住有一天一定要還他。這是做人的品質。」一個企業如果擁有這種誠信品質，那麼就會博得更多投資者的信任。畢竟在企業發展壯大的未來之路上，總是需要與資金打交道的，如若你已經在眾人面前樹立了一個好的形象，那麼自然下一次在籌備資金時就會越加方便。

對每一個企業來說，「花別人的錢比花自己的錢更痛苦」，因爲「花別人的錢」也就相當於你身上還背負著巨大的責任。這種責任時刻在鞭笞著你，提醒著你所花的錢要每一分都用到位，這樣才能不辜負投資人的希望。所以，每一個創業初期的企業在使用投資者的資金時，多想想責任，才能讓你的每一步都能走得更加扎實與謹慎。

6 上市只是個「加油站」

一個公司如若成功上市，那麼不但會使得公司運營的資金更加充裕，公司的管理會更加規範，公司的知名度及品牌影響也會進一步擴大。阿里巴巴是B2B市場的龍頭老大，上市之後，自然阿里巴巴獲得的利益也將不小，從而有利於進一步引領這個市場的發展。

然而，馬雲在接受記者採訪時卻說：「上市只是一個加油站，目的是爲了走得更遠。投資者其實沒有人關心去年的市盈率問題，現在已經是年底了，他們更多是去思考未來。中國有四千兩百萬中小企業，投資阿里巴巴，事實上就是投資中國的中小企業，是在投資中國的未來。」阿里巴巴的成功上市，將提升中國整個B2B行業的成熟度，促進市場繁榮。

二〇〇四年，掌上靈通、空中網、攜程等在細分市場執牛耳的公司均成功在納斯達克實施IPO；十月，獲得六千萬美元投資的e龍網站在納斯達克上市交易。但作為B2B龍頭的阿里巴巴，卻遲遲沒有啓動上市程序。

理由很簡單，因為馬雲認為：「今年我們剛拿到八千多萬美元的私募資金，目前公司不追求向其他領域拓展。上市後不可避免地要應付每個季度的報表，它可能會讓我們放棄更長遠的策略。」對眼下的阿里巴巴而言，做大做強，比上市更迫切。「我們不缺錢，股東也不急著套現，我們有足夠長遠的耐心」。

馬雲常常對他的員工和媒體這樣說：「現在的阿里巴巴還不到我想像中的一成！」馬雲為阿里巴巴勾勒出一幅類似於烏托邦的願景，以阿里巴巴為平臺，逐步將中小企業的銷售中心、人事中心、技術中心、支付中心和財務中心都放在上面，其間橫亙在B2B、B2C及C2C之間的一切環節都將被打通。那時，阿里巴巴將成為一個虛擬的商務王國，其中有自己的貨幣、自己的遊戲規則、自己的運行體系。

企業上市是一件名利雙收的好事，然而企業上市之後，並不是說就可以洋洋得意，一直停留在這個階段。企業管理者要知道，上市之後，企業仍將面臨一些問題，而且可能這些問題更加巨大。例如，上市以後，企業的整個運營成本大大地提高。另外，企業上市之前建立的股權分配結構，造成上市以後高管個人財富的增長，導致高管隊伍的不穩定，甚至給企業樹立很多新的競爭對手。

盛大網路創始人陳天橋曾說過這麼一段話：「當每天收入到一百萬的時候，我覺得它是誘惑，它可以讓你安逸下來，讓你享受下來，讓你能夠成爲一個土皇帝。當時我們只有三十歲左右，急需要一個人在邊上鞭策。就像唐僧西天取經一樣，到了女兒國，有美女有財富，你是停下來還是繼續去西天？我們希望有人不斷地在邊上督促說：你應該繼續往你取經的地方去，這才是你的理想。」

實際上，企業能否獲得持續性成長，關鍵並不在於企業上市與否，更重要的是能夠搭建起一個禁得起時間考驗的公司治理結構。作爲公司的管理者，在追求夢想的時候，一定不要因爲一點小小的成績就裹足不前，要知道，每年上市公司之間的競爭狀態更加激烈。

現在很多民營企業都屬於創始人管理模式，這種管理模式往往很容易造成「沖昏頭腦」的擴張，多元化經營，把企業風險放大。事實上，一個管理者所主導的公司治理模式怎樣向一個上市公司所需要的治理模式轉變，這種轉變將決定著企業能否在上市公司的競爭中更好地立足，如果缺位，一個企業就算上了市，也不可能成長爲一個可持續的行業巨擘。

上市只是個加油站，企業管理者要想更好地領導企業走在未來高速發展的道路上，那麼切不可因爲「上市」，就被短暫的勝利沖昏了頭腦。企業未來發展的道路還十分漫長，要想在今後的發展中取得更加耀眼的成績，那麼就請爲自己設定更大的目標吧。

7 節省資金，避免不必要的開銷

很多人只要一談到創業，就把頭搖晃得像撥浪鼓，「難呀，難！」確實，創業是艱難的，尤其是在創業初期，各種各樣的狀況會頻頻發生。然而不論企業忙得有多焦頭爛額，對自己的資金一定要做到心中有數，規劃有度。

節約資金，避免不必要的開銷，企業才能在創業之初就建立好穩固的地基，爲今後的發展奠定基礎。如果一開始就毫無資金計畫，只是根據專案拓展的需要而花費資金，那麼等到真正要用到資金的那一天，企業就一籌莫展了。

在阿里巴巴，員工的薪酬從不按市場價格定價，幾乎所有新進來的員工與管理者的收入，都比他們在原公司的收入減少一大半，從八千元、九千元降到三千元是常事。據稱，跳到阿里巴巴的雅虎搜索引擎發明人吳炯到了阿里巴巴，不僅工資降了一半，還失去了每年七位數的雅虎股權收入。阿里巴巴為什麼這麼做？因為資金來自風險投資，必須節省，更因為阿里巴巴自信可以用自己的企業文化吸引人才。

馬雲把巨額資金用於客戶服務，往往一項就達五百萬元。還有員工培訓，員工好了，客戶才能好。直到今年四月底，阿里巴巴才花完第一輪投資，第二輪投資仍然一分錢沒動。「我已經竭盡全力去花錢了，」馬雲說，「從小窮慣了，也就習慣把錢花在刀刃上。」

和許多人認為互聯網是泡沫相反，馬雲認為互聯網是一場長跑，美國在第一輪一百米領先，並不意味著勝利，亞洲的機會在後面。既然是長跑，必須屏住每一口氣，節省每一筆錢。阿里巴巴必須同時有「兔子般的速度和烏龜般的耐心」。

在阿里巴巴的發展史上，處處留有馬雲「勤儉持家」的印記，也有許多值得傳頌的佳話。在二〇〇〇年互聯網寒冬時期，作為CEO的馬雲向公司宣布了一項新的財務政策——公關市場零預算，也就是說阿里巴巴從此要進入一個「勒緊腰帶過日子」的非常時代。

在零預算時代到來的期間，馬雲帶領員工進行節儉，直到阿里巴巴已經可以「每天收入一百萬」的時候，馬雲和他領導下的阿里人依舊沒有變得「財大氣粗」，而是仍然保持著節儉持家的作風。馬雲說：「我們每天考慮的是，如何花最少的錢去做最有效果的事情。」看上去非常小氣的阿里巴巴掌門人，已將節儉意識深深地融入了每一個員工的心中。

在阿里巴巴最初融資十分困難的時候，馬雲總結了一系列的「馬氏真理」，其中有一點就是收縮經營，把非核心的業務全部砍掉，節省資金，集中發展優勢產業，把現金牢牢抓在手裏才是硬道理。

沒有資金，但是有節約資金的好習慣。正是馬雲以前的「窮」，才打造了馬雲現在的「儉」。事實上，節約是百分百的利潤。在通常情況下，企業運行時，先在前面省小錢，才能在後面賺大錢，這也是「先苦後甜」的道理所在。

馬雲領導的阿里「航空母艦」是務實、節儉的。也提醒著我們企業在創業之初，一定要將節約意識貫徹到底，合理籌畫自己的每一分資金的使用和投入，避免掉不必要的開銷，這樣才能讓企業未來的路更好走。

[第十五章]
尊重顧客，用好的服務打造未來

1 把暴利還給消費者

馬雲曾經說過：「兵不厭『詐』，在商場上可偶爾『詐』一下競爭對手，作爲樂趣。但絕對不能挾持消費者和合作夥伴去『詐』，更不能直接去『詐』消費者。做企業，必須要對消費者和合作夥伴有敬畏和感恩之心。要堅信消費者的『智商』遠遠高於你。」

做企業，要對消費者有敬畏和感恩之心。因爲企業的存活實際上正是由於消費者的供養，如果一旦消費者受到了欺騙，那麼最先受到損失的必將是企業本身。然而，如今很多企業在高利潤的誘惑下，不斷地給消費者製造暴利消費，由此，企業不僅失去了很多老客戶，還讓自身的名譽跌落低谷。

在首屆網交會的現場，到處都能看到和聽到一個詞：網貨。那麼什麼是網貨？為什麼網貨能夠促進內需增長，帶動就業呢？在當下的環境中，網貨對我們每個人又有什麼幫助呢？馬雲解釋，網貨的關鍵是把暴利還給了消費者。

網貨的概念來自它的網路管道，而網路管道的優越性讓網貨把暴利還給消費者，還給製造業。網貨的本質就是貨真價實，這是我們的革命，消費生產模式的革命，它是財富的重新劃分。網貨的核心就是反對暴利。

馬雲說：「有個朋友從香港購買了玩遊戲的籌碼，一萬三千元一套，也有一萬五千元一套和九千元一套的。我在淘寶上查了一下，是三百五十元。所有的人就想，淘寶上的一定是假的，不可能是真的。我發現生產籌碼的工廠是在浙江金華，工廠將籌碼出口到美國，香港從美國進口，中國大陸的人再從香港購買，價格自然就高了。現在的情況是，金華的工廠直接在淘寶上賣，也就是賣三百五十元。」

淘寶為什麼會這麼火，就是因為它把暴利還給了消費者。

俗話說，商道即人道。創業者能否取得成功，很大程度上取決於其做人、做事的方法與原則。一些爲人處世優秀的品質，尤其是誠信，本身就是創業者的寶貴財富。對創業者而言，誠信是贏得客戶的必然條件之一。

有些企業往往爲了自身利潤的贏得，不惜在低成本的商品上大加價格，以便從消費者那裏獲取高額利潤。事實上，消費者的眼睛是雪亮的，正所謂貨比三家，一旦消費者得知企業的「欺詐」行爲，定然會對企業失去信任，從而讓企業失去獲得利潤的唯一來源。

馬雲曾經說過：「價格戰最終吃虧的是消費者。如果一場價格戰是綁架了廠家，『詐』了消費者，用投資者的錢打自己認爲値得的『名戰』，這代價實在太大了點。」企業在爲產品造勢的同時，一定不要拿誠信來做賭注，否則最後輸的只會是商家。

消費者對商家的信任是長期積累而來的，如果消費者發現自己購買的東西，其中摻入太多的「水分」，那麼定然就會對商家產生質疑。在中國，百年企業大多都是靠信譽做起來的，靠的是老客戶帶動新客戶。如果一旦百年企業出現這種問題，那麼可想而知後果會如何。

企業在商場上打拼，的確是爲了贏得利潤，然而，如果企業的價值觀有所偏離，可能就會讓一代名企「遺臭萬年」。因此，在不偏離正常消費利潤之下，企業一定要杜絕暴力消費的產生，這樣才能爲企業的信任度增值。

2 打造「廿四小時送貨到家」理念

馬雲曾經給員工們講過一個關於一塊布的理論的故事。他說：「我媽其實從來沒有買過電器，但是她說我要買海爾的電器、空調。爲什麼？我說海爾要比別人貴，而且，不見得它的品質就好，現在的電器、空調、冰箱都差不多的，爲什麼你要買海爾？她說，他們到家裝空調會帶一塊布把這個地擦乾淨。」

正如馬雲說的，服務是最昂貴的產品。就因爲這一塊布，顧客卻不在乎你的東西是否要比別人的貴。這聽起來有點不可思議，但是，馬雲卻說：「這塊布擦的不是你們家地板，擦的不是你們家的機器，擦的是客戶的心。」

二〇一三年，剛卸任阿里巴巴集團CEO才半個月的馬雲任「菜鳥」網路董事長。「菜鳥」的目標是通過五到八年的努力，打造一個開放的社會化物流大平臺，在全國任意一個地區做到廿四小時送達。

全國任意地區廿四小時送達的概念是什麼？目前全國九大物流公司的兩千八百六十條線路中，能做到三日送達的尚不足一半。這就是當前中國電子商務的現狀，物流已經嚴重影響到網購的客户體驗了。「菜鳥」雖志存高遠，但壓力可想而知。畢竟僅僅通過對諸多的物流公司進行修修補補，能滿足迅速增長的物流需求已很困難，更別說大幅度提高服務水準了。但是，當有人問及：「一個網購快遞包裹，從西藏、漠河或新疆寄出，一天內能到天津嗎？」馬雲給出了肯定的答案：「可以。」

商場競爭，歸根到底，企業與企業之間拼的是服務，拼的是背後的客戶。然而，如果企業不重視客戶需求，忽略客戶的產品意向，那麼自然就會被客戶所拋棄。企業除了在商品品質上有保障之外，一定還要注重「服務」這一軟實力。

去過阿里巴巴的人都知道，阿里巴巴公司的組織結構圖是倒過來的。一般來說，企業的組織結構圖大抵都是上面是CEO，下面是副總經理，然後是部門經理，然後是員工，然後是客戶。但在阿里巴巴，「客戶第一」處於阿里巴巴價值觀的頂層，其內容就是要求企業以高品質的優質服務來贏得客戶的信賴。

關於客戶第一，阿里巴巴的闡述是：客戶是衣食父母。無論何種狀況下，始終微笑面對客戶，體現尊重和誠意。在堅持原則的基礎上，用客戶喜歡的方式對待客戶。爲客戶提供高附加值的服務，使客戶資源的利用最優化。平衡好客戶需求和公司利益間的關係，並取得雙贏。

二〇〇七年，老牌的線上購物網站PC home為了與競爭對手作區隔，提供了一項創新服務，設置廿四小時快速到貨專區，保證專區內的商品在客戶下單後廿四小時內送貨到家，遲到就罰新臺幣一百元。

PC home廿四小時送貨到家的達成率高達百分之九十九點七。究竟它是如何做到的？原來，PC home以往送貨需要三天的時間，為了縮短在廿四小時內完成，PC home將倉儲、物流一條鞭整合起來。它的第一步是設立專門的倉儲中心，當消費者通過網路下單後，訂單就直接進入倉儲中心，再由工作人員拿著訂單在倉儲中心選貨、包裝，再將商品交給物流業者。

在物流方面，統一速達黑貓宅急便派專人進駐倉儲中心，並隨時將商品進行分類，如遇到訂單暴增的突發狀況，在現場馬上調度車輛。至於供應商，則通過電腦連線系統，根據當天銷售量及氣候等因素決定補貨數量與次數。

由於PC home早已默默操兵四年，精準掌控了每個環節，新建的「快速到貨系統」已掌握數萬種庫存量，因此送貨失敗率低到百分之零點三，使其成為臺灣首屈一指的網購定點網站。

實際上，優質服務在某種程度上是一個成功品牌中最重要的可持續性的差異優勢。產品是容易被競爭者仿造的，而你的服務則因爲依靠了組織文化和員工的態度，因而很難被競爭者所模仿。超過六成以上的消費者是因爲服務行業的服務水準低或覺得不滿意而放棄曾經選擇過的品牌（商家）。但如果商家能及時處理好各類投訴，就能挽留住不少顧客。

例如，肯德基速食業也在爲顧客提供一流服務上面花盡了心思。當你走進肯德基的時候，給你最大的欣慰可能就是服務員的微笑。服務員和藹可人的微笑，可以讓廚房裏的員工們安心地忙碌工作，而客戶就餐時也如沐春風。這樣，客戶自然會滿意服務員的態度，這也就幾乎等於對你的公司的整體形象的認可。

企業一定要尊重客戶需求，並且提高自己的服務品質。這樣，當企業的產品品質有了一定保證，而服務品質也提高的情況下，自然企業在客戶心中的形象也會總體提升，企業也就獲得了更多的客戶資源。

3 天貓以為人服務做平臺

二〇一二年一月十一日，淘寶商城正式更名天貓商城。關於淘寶商城爲何會突然分出一個支系，外界眾說紛紜。然而，一向沉穩的馬雲卻表示，天貓有別於淘寶最大的一個特點便是系統更加規範，入住更加嚴格。

馬雲打造天貓，主要是以服務大眾需要爲主。天貓這個平臺，是馬雲給予大眾另一個更加信任的平臺。因爲在天貓，只要出現商家欺詐客戶的行爲，淘寶都將給予嚴肅處理，而商戶入住天貓平臺的資格也比淘寶更高了一層。

無論是對賣家還是對無數的消費者而言，儘管淘寶成立已久，但是依舊有企業不習慣網路行銷。馬雲曾鼓勵更多人通過互聯網、通過電子商務開展業務，並說「重要的是必須以消費者為中心，以消費者為導向，進行定制化生產，迅速開始新的行銷」。

二〇一二年，儘管淘寶被「分出去」了一部分，但是天貓在B2C行業的領先地位還是無人能敵。天貓商城的模式是做網路銷售平臺，賣家可以通過這個平臺賣各種商品。這種模式類似於現實生活中的百貨公司，每個商家在這個網路「百貨公司」裏面交一定的租金才可以開始賣東西，而且主要是提供商家賣東西的平臺。天貓商城不直接參與賣任何商品，但是商家在做生意的時候，必須按照天貓商城的規定，不能違規，一旦違規，淘寶會給出相應的懲罰。這樣一來，就更加維護了消費者利益。

在馬雲看來，未來所有的製造業必須根據消費者的需求改變自己的產品設計，改變管道的推廣方式，C2B一定會成爲產業升級的未來。馬雲認爲，網貨將讓所有的消費者得到個性化的產品，而網規會讓這些企業更加的透明，更加的誠信，更加地受消費者的尊重。「我相信這才是未來時代的發展。我們尊重知識產權，尊重品牌，但我們不尊重暴利，我們更不尊重——爲了維護自己某些特殊的利益而設置大量的障礙」。

正是因爲馬雲始終都將消費者利益放在最前面，因此，天貓才能吸引更多的誠信商家前來入住，也才能吸引更多的消費者前來消費。事實上，企業要想盈利，首先就要將眼光放在消費者身上，做好服務本身，消費者滿意了，企業才能賺大錢。

有的企業下面的經銷商有很多，真要系統地進行管理，可能很難。但是如果企業能夠將服務本身的理念傳達到每個商家心裏，那麼也會起到很好的療效。畢竟經銷商是第一直面客戶與消費者的人選，如果讓他們懂得將服務理念做到第一，也就爲企業做好了「門面」服務。

二十世紀六〇年代，美國經濟越來越依賴服務業和高技術產業。這個時候，一個名叫弗雷德·史密斯的人抓住了這一機會。它創造了「隔夜快遞」，也就是後來的「聯邦快遞」，這一新興的服務行業。

回顧「聯邦快遞」的成功，弗雷德·史密斯說：「聯邦快遞成功的原因很簡單，其實就是因為一件貨物本身對發送人和收件人是極具時間價值的，是值得他們付出額外運費的。所以從邏輯上來說，我們可以說服客户將貨物交給我們。我們保證這件貨物在到達收件人前不會離開我們的手，這是一種從『子宮到墳墓』的運輸方式。」這種「門到門」的服務方式，為顧客省去了不少的工夫，他們不再需要去機場取貨或者送貨，一切都由聯邦快遞負責。

提供快遞服務的公司不只聯邦快遞一家，當時在美國就有DHL、UPS及美國郵政等。這些公司之所以敗給了聯邦快遞，就是因為他們固守自己的服務，沒有意識到對顧客需求的滿足。當他們所提供的業務已經無法滿足顧客的需求的時候，他們自然就失去了市場。

企業服務品質的高低，是由顧客來評判的，因此，企業向顧客提供服務，要以顧客的需求爲第一要義。對服務業來說，服務就是產品，只有服務好了，顧客滿意了，自己才能盈利。無論企業的服務場所有多豪華，服務內容有多繁複，只要是顧客不滿意，企業依然是失敗的。因此，企業在提供服務的時候，一定要考慮顧客的需求。

在競爭加劇的今天，很多服務產業都在提升自己的產品品質，但是在這個過程中，企業往往會忽略掉服務問題。有的時候，儘管企業的產品品質很好，但是就因爲服務細節上的一點點瑕疵，就有可能影響到企業的整體業務。所以，企業絕不能忽視掉服務細節這一問題。

企業在消費者心中的形象樹立，往往不僅僅包括企業的產品品質問題，還包括企業服務的品質。對那些向客戶提供產品的廠家來說，你的服務品質不僅能起到提升人家形象的輔助作用，而且還是你從同行競爭中決勝的關鍵。

4 堅持客戶第一

在阿里巴巴，所有的銷售人員在正式進入產品銷售這一環節時，都必須回杭州總部進行爲期一個月的學習、訓練，主要學習訓練的不是銷售技能，而是價值觀、使命感。

「客戶第一」是把阿里巴巴的具體業務與馬雲定下的遠大目標聯繫起來的點。在公司和產品設計方面，它是一個需要貫徹的原則。而在業務層面，所有阿里巴巴的服務都將圍繞著這一原則展開，因爲這樣的服務往往能增加客戶滿意度。這種優勢，在有競爭對手的時候，往往是客戶選擇阿里巴巴的重要指標。

阿里巴巴曾經有一個業務員，他向山東的一位房地產商許諾說，阿里巴巴能把你的房子賣到全世界，以此為誘餌，他順利做成了這位客户的生意。然而，儘管這筆業務給阿里巴巴帶來了六位數的收入，但阿里巴巴仍然把錢退給客户，並對這位業務員進行了懲處。

事後，阿里巴巴B2B總裁衛哲解釋說：「為什麼說把客户利益放在第一位？如果按照股東的利益，這個錢該收。但是，按照客户利益第一的原則，阿里巴巴這樣做就是在欺騙客户。阿里巴巴根本就無法把這位地產商的房子賣到全世界。這顯然是業務員誇大了阿里巴巴的能力。」

阿里巴巴的員工有幾千名，馬雲説：「我們不能保證每個員工都能夠把客户利益放在第一位，但是我們訓練的時候必須要這樣。」

在阿里巴巴公司的大廳裏，掛著一幅別致的關係表，它的最上面是客户，然後是直接面對客户的員工，再往後才是股東、CEO、CFO等領導人。馬雲認為，客户第一，客户是公司的衣食父母，他說：「只有『客户第一』了，我們才有錢賺，因為客户是給錢的呀！」

在商業界有這樣一種現象，一般來說，在數量龐大的工作者中，那些業務員或者做行銷出身的人，其創業成功的幾率往往非常大，這是什麼原因造成的呢？就是因爲在他們心裏，有著非常濃厚的客戶意識，知道客戶才是自己的衣食父母。

有人曾經說過，「做生意就是做交情」。如何「做交情」呢？記住一個原則，你如何對待別人，別人也會以同樣的方式對你。如果你真正把客戶奉爲上帝，堅持客戶第一，並且不計較爲他多做一點，那麼你的生意一定會越做越大。

馬雲喜歡看金庸的小說，他把自己的經營理念比作是「六脈神劍」，而這六脈神劍中的第一劍就是「客戶第一」。馬雲不僅把「客戶第一」作爲公司核心的經營理念來奉行，並且，他的用人標準也是必須接受這種理念的人才能夠順利加入阿里巴巴。

羅伯特・詹森在一八八六年創建強生公司的時候，給公司制定的目標是：「減輕痛苦和疾病」，而不是賺取最大的利潤。他的兒子則在他的基礎上提出所謂的「開明的利己主義」，認為顧客的利益居第一位，雇員和管理人員的利益居第二位，而股東的利益只能居第三位。強生公司將「顧客第一」的原則作為企業的基本思想和企業的信條。此後公司不僅將這個信條用於其組織結構、內部計畫程序、補償制度和戰略商業決策中，而且還在危機時期把它作為公司行動的指南。

現在強生公司作為世界著名公司的地位已經無可動搖，「強生」二字更成為了顧客購買其產品的充分理由。這就是強生公司時刻想著顧客，「顧客至上」，所得到的豐厚回報。

由此看來，一個企業是否能夠立足，關鍵在於其管理者是否重視他的客戶，員工是否能服務好客戶。爲了讓企業正常發展，我們一定要儘量本著「一切爲客戶」的宗旨來爲客戶服務。

例如，企業可以適時地爲客戶提供增值服務，樹立企業良好的服務品牌。而且還可以加強與客戶的情感連接，提高與客戶的親和度。另外，還可以打造出一種溫馨氛圍，將客戶放在首位，做到一切從客戶出發、一切爲客戶著想、一切對客戶負責、一切讓客戶滿意。

事實上，不管企業做得有多大，客戶都是你最大的依靠。如果不誠心地把客戶當做衣食父母，不懂得去服務客戶，那企業往後的發展肯定會受到極大的限制與破壞。

因此，作爲一名企業的管理者，你要時刻記住，把客戶的需求放在第一位；把客戶的利益放在第一位；把客戶的問題放在第一位……總之，把客戶的一切放在第一位。

5 迎合消費者的需求就是最好的方向

一份對兩百多家專業公司的調查報告中，在回答最渴望得到哪方面的幫助時，竟有近九成的公司首選「有效的行銷策略」。行銷策略就是銷售方法，有效行銷策略的稀缺，證明了如今企業行銷方式的盲目。

實際上，在眾多的行銷策略中，迎合消費者的需求就是最好的方向。因爲服務的最高境界就是多爲顧客著想。客戶不僅是企業行銷的對象，更是企業長久合作的夥伴。如果企業管理者都能夠如同馬雲一樣，能夠制定出遵從消費者需求的方法，那麼就一定能夠在銷售上有所突破。

二〇一二年，馬雲在杭州的網商大會上說：「經濟會越來越糟糕，但是告訴大家一個好消息，十年以後成功的企業一定比今天多，有錢的人一定比今天多，但是不是你。你要想明白，你一定要聽消費者的，聽市場的，因為市場才能決定未來。

「從課堂上，老師就說過，市場決定未來。企業做什麼產品，要看市場的需求。在中國的企業家中，我們發現一個很普遍的現象，就是別人做什麼有錢賺，然後肯定會有很多人跟著去生產這種產品，或是做這種類型的服務，這叫跟風。不過，很多人會發現，當你真正進入這個行業了，做著和別人一樣的事時，卻發現沒錢賺了。這是為什麼？我想很大的一個原因就是這個產品的市場飽和了。也有人說，現在的很多電商都在燒錢，電商的未來在哪裡？但是你有沒有發現，也有電商在賺錢的。所以說，做什麼產品都要看好市場，市場才能決定未來。而市場中起主導作用的是消費者，迎合消費者的需求就是最好的方向。」

實際上，企業不應該僅僅只關注如何將商品賣給客戶，還要時刻將客戶的需求放在眼裏，把客戶需要解決的問題當成自己要解決的問題，這樣，企業才能夠取得客戶的信任。因爲，這樣不僅僅能讓你將產品成功地推出去，而且還可能將這個客戶發展成爲你長久固定的客戶。信任可以使企業與客戶之間的關係趨於穩定。

然而，如今有很多企業在推銷產品的過程中，往往喜歡複製他人的想法，看到市場上有哪種產品銷量不俗，賣相不錯，便緊跟著推出仿製品。這種跟風買賣或許能讓企業贏得一時的銷售業績，但是在競爭猛烈的市場上，如果沒有自己的想法意識，不遵從變幻莫測的市場規律，那麼企業很快就會被淘汰。

消費者的需求會隨著生活水準的增長而不斷變化，而且一個人的喜好也是會隨著周圍環境的改變而改變的。如果企業總是死守著固有的產品，而不遵從消費者的需求，那麼很可能最終在這種盲目的循規蹈矩的方式中，就會被後來者居上，並且失去大量的老客戶。

成功的企業都知道，真正的行銷策略就是符合消費者的需求。消費者的需求是一直是存在的，它一直處於動態發展中，企業應不斷滿足消費者日益增長的物質和文化的需求。企業對消費者的需求瞭解越深，就越能準確把握市場導向。

當然，企業想要多爲消費者著想，還要能爲消費者提供能夠爲他們增加價值和省錢的建議，這樣企業才能受到消費者的歡迎。只要企業能夠從客戶的角度出發，讓客戶從購買的產品和服務中獲利，那麼企業的行銷就會取得成功。

企業行銷的最終目的是要讓消費者真正對自己的產品滿意，從購買商品的第一步開始，到交易完畢後的售後服務，這些都是企業爲自己積攢良好信譽的最好階段。只有當企業真正迎合了消費者的需求，做出了令消費者滿意的服務，那麼才能真正將行銷做到最好。

6 如果可能，做一次市場調研

彼得・德魯克曾經說過：「企業存在的目的就是創造顧客。」對企業來說，如果能夠瞭解自己的資深顧客，看透自己的未來顧客，那麼必然會對自己未來產品的走勢更加有把握，也會更加有信心。

但是，如何才能瞭解自己的顧客，明白顧客的想法呢？最好的辦法，便是做一次市場調研。企業對自己的產品在市場上的投入有了一定的準確認識，而且還摸透了不同消費層的顧客心理，這樣一來，企業才能把握住企業行銷的正確方向。

馬雲曾在網商大會上對中小企業如此告誡道：「如果可能，做一次市場調研。我想這很有必要。當你的意向中有一種產品時，我們就要先對這個產品做一次市場調研。調查一下，消費者對這種產品的需求是多少？這也是我們要做的。因為只有先瞭解市場，你再投入生產，才能保證萬無一失。這樣，你的公司也會快速發展。」

同樣的，馬雲也告訴企業家，不要問以後走向哪個方向，問經濟學家是沒用的。要問就問消費者，他們才知道他們需要的是什麼。經濟學家只對昨天有興趣，所以讓對昨天有興趣的人去判斷未來，這是悲哀。

以消費者爲中心、以消費者爲導向的行銷理念是各類企業所奉行的經營原則，而怎樣瞭解消費者的心理和他們的消費導向呢？市場調研是最好的方法之一。企業想要讓自己的產品更好地打入到消費者當中去，那麼首先就要對自己在市場上投放的產品有一個瞭解。

在傳統行銷中，企業管理者針對客戶做出的一些小調查，我們屢見不鮮。比如，在一些超市的食品區，時常會出現促銷人員拿著商品讓消費者試吃；而在某個商場的化妝品專櫃前，行銷人員推出試用裝，等等。商家這麼做都是爲什麼？當然是意在傾聽客戶的意見。一件產品的上市，如果沒有客戶的支持，必定會被打入冷宮。因此，商家們想出了各種各樣的辦法來讓客戶評價自己產品的好壞，從而決定是否大批量地生產這類產品。

企業行銷的重點就是客戶，所以只有以客戶爲中心，企業才能將行銷的圓圈畫得更大。海爾集團董事長張敏瑞曾經說過：「企業如果在市場上被淘汰，原因是多方面的，可能是產品的問題，也可能是消費者的文化和地域差異造成的，但總的說來還是你的產品不適合消費者，沒有抓住消費者的心理。」

馬雲曾經說過：「很多企業前面的成功往往爲後面埋下了更大的失敗，因爲他們不清楚自己爲什麼會成功，像賭博一樣，一開始是贏了，第二次還是照原來的套路。但市場和周圍的環境是變化的，而他們不瞭解客戶和市場需求的變化。所以，成功了，要瞭解爲什麼會成功？失敗了，更要搞清楚爲什麼會失敗？」

企業要想在商品市場上走得更加穩健，那麼就必須對自己的產品有一個系統的瞭解。而測試商品是否獲得消費者青睞的最好方式，便是親自走到市場中去看一看，瞭解一下消費者對該商品的心理反應。這樣才能抓住市場的運作動脈，讓商品能夠做出更好的改變。

總之，企業要想贏得更多的消費者，就必須走到市場中去傾聽消費者的聲音。只有瞭解了消費者的需求，並且親自從消費者那裏瞭解到他們所需要的東西，這樣才能推出更新更好的產品，以此吸引更多人的注意力。

首富馬雲站在新起點—阿里巴巴的激情

編　　者：張笑恒
發 行 人：陳曉林
出 版 所：風雲時代出版股份有限公司
地　　址：105台北市民生東路五段178號7樓之3
風雲書網：http://www.eastbooks.com.tw
官方部落格：http://eastbooks.pixnet.net/blog
信　　箱：h7560949@ms15.hinet.net
郵撥帳號：12043291
服務專線：(02)27560949
傳眞專線：(02)27653799
執行主編：朱墨菲
美術編輯：風雲時代編輯小組

法律顧問：永然法律事務所　　李永然律師
　　　　　北辰著作權事務所　蕭雄淋律師
版權授權：南京快樂文化傳播有限公司
初版日期：2015年4月

ISBN：978-986-352-159-4

總 經 銷：成信文化事業股份有限公司
地　　址：新北市新店區中正路四維巷二弄2號4樓
電　　話：(02)2219-2080

行政院新聞局局版台業字第3595號
營利事業統一編號22759935

定 價：280元

國家圖書館出版品預行編目資料

馬雲站在新起點 / 張笑恒著. — 初版. — 臺北市：風雲時代, 2015.02
面；　公分
ISBN 978-986-352-159-4(平裝)
1.馬雲 2.學術思想 3.企業管理

494　　　　104001614